護理寶寶呼吸道

不咳嗽、呼吸暢

梁芙蓉 著

前言

寶寶生病，常見的感冒、發燒、咳嗽、支氣管炎、肺炎、哮喘、鼻炎、咽喉炎等，都是肺臟疾病的表現。

明代萬密著的《育嬰家秘》中提出「肺為嬌臟」、「肺常不足」，這種說法現在被很多醫生所接受。這本書裏面還明確指出：「肺為嬌臟，難調而易傷也……天地之寒熱，傷人也，感則肺先受之。」肺很嬌弱，它容易受內外因素損害，是人體極易失守的防線。

你知道嗎？寶寶身上的大部分問題都是因為沒有保護好肺引起的。當風寒、濕熱、燥火及煙霧、空氣污染等進犯身體的時候，肺總是首當其衝；正因如此，再加上寶寶是純陽之體，即「陽常有餘、陰常不足」，偏陰虛、內熱重，就是大家說的「火大」，當感受外界病邪後，很容易轉化成內熱，引起肺火上行，引發肺熱，出現熱、咳、痰、喘等症狀。

現代醫學認為，寶寶的肺功能比較弱，所以最容易出現呼吸系統疾病。調查發現，呼吸系統疾病的發病率和死亡率均居兒科疾病的首位，其中 2/3 發生在小於 3 歲的嬰幼兒，這一點家長們一定要重視。

有些寶寶在傷風感冒之後，又繼發支氣管炎、扁桃體炎甚至肺炎，發燒、咳嗽、吐痰、流鼻涕日復一日，不斷地吃藥、打針，既苦了寶寶，又折騰壞了父母。

遇到這種狀況，別擔心，請翻開本書，幫你找到病因，一邊用食療、推拿等綠色療法給寶寶合理的調養，一邊用護理技巧照顧他們的起居生活，一邊在醫生指導下選準藥、用對藥。這樣一來，寶寶再咳嗽，家長也不慌！

相信有了此書的指引，爸爸媽媽定能養護好寶寶的呼吸系統，讓他們健康茁壯地成長！

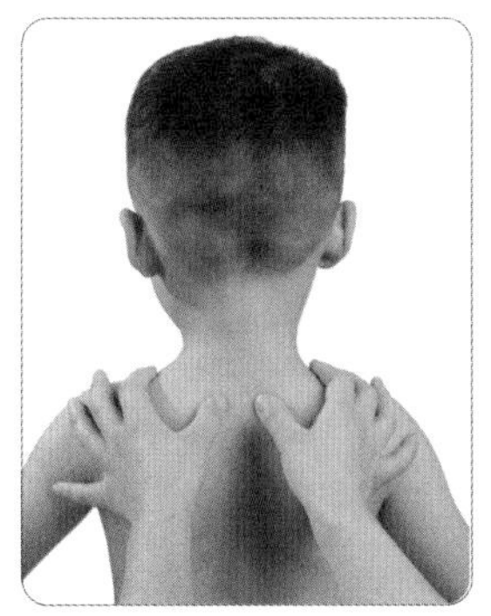

目錄

第 3 章

咳嗽：綠色止咳法，寶寶快點好起來

第4章

感冒：好媽媽是寶寶的第一個醫生

第 5 章

反復呼吸道感染防治攻略

第 6 章

肺炎：年齡越小，危險性越大

第 7 章

氣管、支氣管炎：時間越長，病情越嚴重

第 8 章

支氣管哮喘：早診斷早治療，好預防

第 9 章

鼻炎：有鼻炎的寶寶「傷不起」

第 10 章

咽喉炎：如何好好保護寶寶的咽喉

第 1 章

護好寶寶呼吸道，讓天下媽媽放心

人體呼吸系統的組成

呼吸系統的組成和作用

呼吸道包括鼻腔、咽、喉、氣管和各級支氣管。呼吸的目的是排出二氧化碳，吸進新鮮空氣，保證氣體交換過程的正常進行。

人體的呼吸系統由傳送氣體的呼吸道和進行氣體交換的肺兩部分組成。醫學上把喉以上的呼吸道稱為上呼吸道；喉以下的部位稱為下呼吸道。

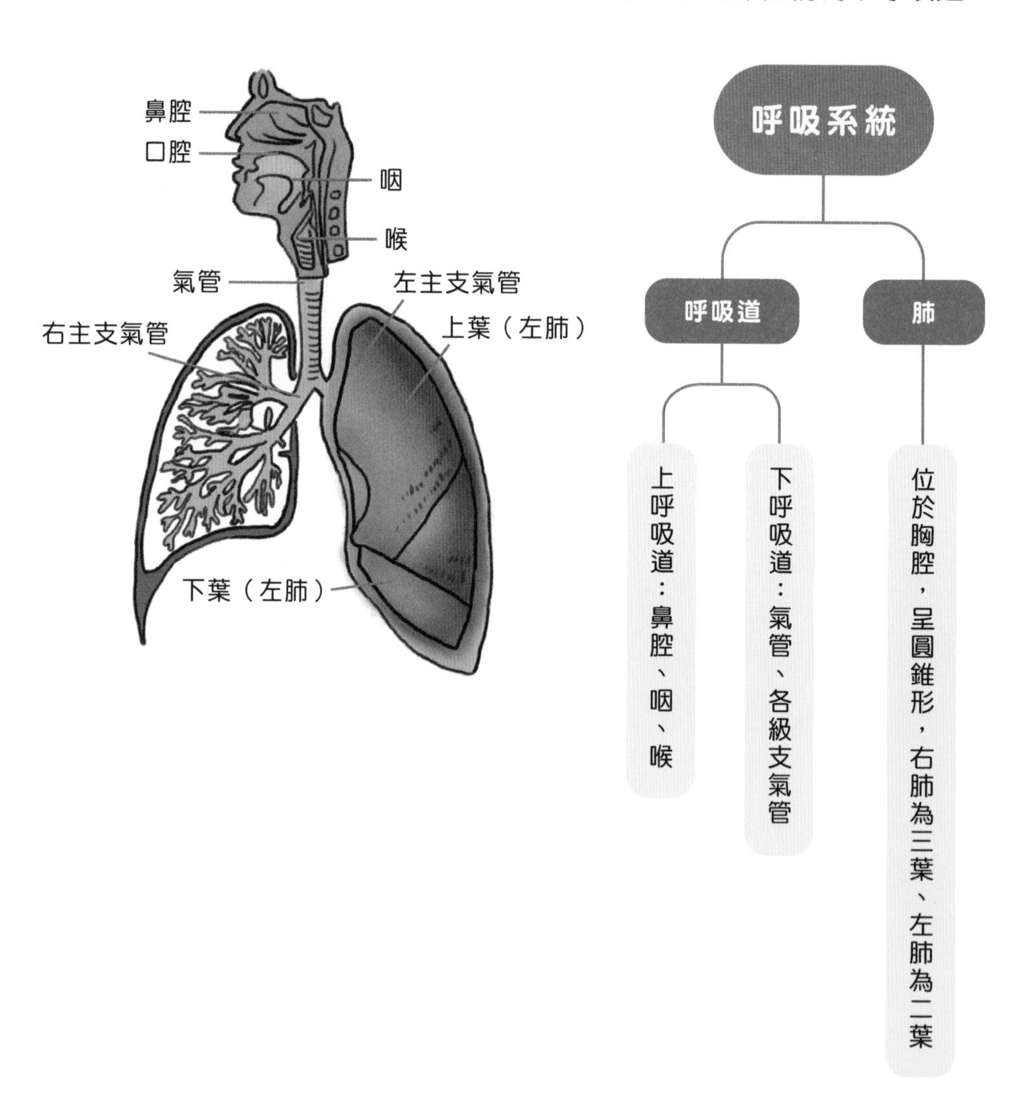

寶寶呼吸的特點

寶寶呼吸的特點以嬰兒時期最為明顯，家長瞭解了這些特點，應對就不會盲目，有助於觀察寶寶呼吸的具體情況。

寶寶呼吸的生理特點

1

代謝旺盛，需氧量高。年齡越小，呼吸頻率越快，且大腦皮層及呼吸中樞對呼吸調節能力差，易出現呼吸急促、呼吸節律不齊或暫停。

2

小兒呼吸肌發育不全，胸廓活動範圍小，呈腹式呼吸；隨年齡增長，呼吸肌漸發達，膈肌下降，肋骨由水平位逐漸傾斜，大多出現混合式呼吸，即胸腹式呼吸。

3

肺活量及潮氣量相對較小，潮氣量佔肺活量比例大，故呼吸儲備力差，缺氧時代償能力不足，易出現呼吸功能不全。

小兒的呼吸頻率容易受多種因素的影響，如哭鬧、情緒波動、體力活動、體溫升高以及呼吸和循環系統疾病、貧血等，都會使呼吸加快。

寶寶呼吸的免疫特點

嬰幼兒血清免疫球蛋白 IgM、IgG、IgA 含量較低，呼吸道黏膜也缺少分泌型 IgA。而分泌型 IgA 是黏膜表面重要的免疫因子，12 歲才達到成人水平，故小兒防禦能力低下，易患呼吸道疾病。

專家解答

小兒的呼吸為甚麼比成人快？

由於小兒發育快，新陳代謝旺盛，需氧量相對較多。但從上述小兒呼吸生理特點來看，呼吸效率較差，只能做淺表呼吸，必然導致血中氧氣缺少和二氧化碳蓄積過多，容易引起呼吸加快。

爸媽如何觀察寶寶的呼吸道？

呼吸系統疾病最重要的檢查內容，包括呼吸的快慢、深淺、節律及呼吸是否費力，胸廓是否對稱，起伏是否一致等。再通過觀察其他情況，可對病情做出初步判斷。

數數呼吸次數

許多年輕的爸媽常常在小寶寶身旁，傾聽他們的呼吸聲。這是觀察寶寶呼吸的常用方法之一，對於及時發現呼吸系統疾病很有幫助。呼吸功能不全首先表現為呼吸增快。

世界衛生組織指出，在寶寶相對安靜狀態下數每分鐘呼吸的次數，如果發現：

2 個月以下嬰兒呼吸 ≥ 60 次 / 分

2~12 個月嬰兒呼吸 ≥ 50 次 / 分

1~5 歲小兒呼吸 ≥ 40 次 / 分

說明有肺炎的可能，要趕緊到醫院診治。

聽聽呼吸音

孩子呼吸音變粗，鼻子出氣時有嗞啦啦的感覺是患病信號。

看吸氣時胸廓是否凹陷

即所謂「三凹征」（Three Concave Sign），在嬰幼兒上呼吸道梗阻或肺實變時，由於胸廓軟弱，用力吸氣時，胸腔內負壓增加，引起胸骨上下及肋間凹陷。

吸氣喘鳴嗎？

是上呼吸道梗阻的表現，由喉和大氣管吸氣時變狹窄所致。

呼氣有呻吟嗎？

是小嬰兒下呼吸道梗阻和肺擴張不良的表現。

是否出現杵狀指？

指（趾）骨末端背側組織增生，使甲床抬高所致。常見於支氣管擴張、遷延性肺炎、慢性哮喘等慢性肺疾病。此外，也可見於青紫型先天性心臟病、慢性消化道疾病等肺外疾病。

讓寶寶呼吸道變強的食物

寶寶處於生長發育的快速階段，均衡攝取營養對健康成長很有幫助。在補充足夠營養素的同時，還要有針對性地多吃一些養肺、保護呼吸道的食物。

多吃富含維他命A和β-胡蘿蔔素的食物

醫學研究顯示，反復呼吸道感染的孩子，大約70%血清中的維他命A水平低於正常數值。缺乏維他命A，會使呼吸道上皮和免疫球蛋白的功能受損，容易引起呼吸道感染遷延不癒。所以，寶寶可多吃富含維他命A和β-胡蘿蔔素的食物，如下圖所示。

多吃滋陰潤肺的食物

可以根據情況給寶寶吃一些蓮子、梨、蓮藕、白蘿蔔、馬蹄、山藥、牛奶、蜂蜜、雪耳、百合等滋陰潤肺的食物，比如梨汁、藕汁、百合銀耳蓮子羹、蜂蜜蘿蔔湯、蜂蜜雪梨湯、紅蘿蔔炒西芹百合等。

TIPS

紅蘿蔔、椰菜等蔬菜中的β-胡蘿蔔素易溶於脂肪，在小腸中與脂肪微粒及膽汁結合後，隨同脂肪酸一起吸收，所以此類蔬菜最好用油烹調，更有利於人體吸收利用。

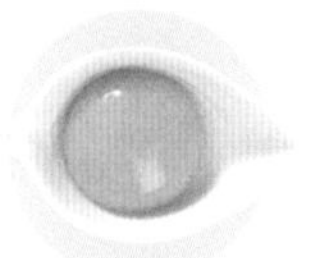

蛋黃

寶寶6個月，可以從吃少量蛋黃開始，逐漸增加到一個蛋黃。

紅蘿蔔

寶寶6個月，可以從吃紅蘿蔔蓉開始，待牙齒長出來後可吃紅蘿蔔粒或紅蘿蔔塊。

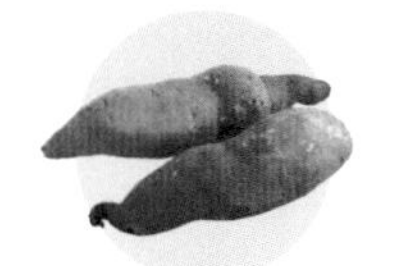

番薯

寶寶6個月，可以從吃番薯蓉開始。

韭菜

由於韭菜不易消化，寶寶約1歲後可以嘗試吃韭菜餃子。

菠菜

寶寶6個月，可以吃菠菜蓉，待牙齒長出來後可吃菠菜段。

粟米

寶寶5個月，可以喝少量粟米汁，以後慢慢可以喝粟米糊或粟米粥。2歲以後可以煮新鮮粟米讓寶寶自己咬食了。

護肺攻略：讓寶寶受益一生

呼吸系統疾病是兒科多發病。感冒、發燒、咳嗽在每個寶寶生長發育過程中總會碰到，只不過輕重不一。因此，對於家長來說，通過提高寶寶抵抗力，預防呼吸系統疾病是很好的選擇。

0~6 個月

提倡母乳餵養

母乳是嬰兒最理想的天然食品，尤其是分娩後最初分泌的初乳，含有豐富的抗體及微量元素，特別是SIgA（分泌性免疫球蛋白）有助預防呼吸道感染。因此，母乳餵養的寶寶一般較少發生傷風感冒。

1 歲

涼水擦身

1 歲以上的孩子可用涼水擦身，增強耐寒鍛煉。用備好的毛巾浸透涼水，稍擰一下，開始擦浴。

先從手腳等四肢部位開始，再擦顏面、頸部、臀部、腹部，最後才是胸部與背部。未擦和已擦部位用乾毛巾覆蓋。每次持續 2~3 分鐘，擦至皮膚微微發紅為止，再用乾毛巾擦乾。

首次用與體溫相同的水溫，每隔兩三天水溫降低 1℃，最低可達 22℃。室溫不宜過低，以 16~18℃為宜。

7~8 個月

涼水洗臉

中國民間有句俗話叫「要想小兒安，三分饑與寒」。夏秋用涼水洗臉是一種良好的耐寒鍛煉，出生後 7~8 個月的寶寶即可做。水溫或部位要遵循循序漸進的原則，最初幾天用與體溫相同的溫水（36~37℃）洗臉，逐日降低溫度，直到 28℃。

冬天用溫水而不用熱水，這樣也能使寶寶適應冷的環境，增強對冷空氣的抵抗能力。

1 歲半

多參加戶外活動

寶寶會走路後，帶着他們去戶外曬曬太陽、散步、踢球、騎小單車等，都能增強他們的體質和抵抗力。

衣

適當加減衣服

寶寶的穿著要符合柔軟、舒適、冷暖適宜的特點。氣候變化時，寶寶的衣服要勤穿勤脫，不要只加不減，特別是冬季降溫時不要把寶寶包裹得像一個糉子。父母可以常摸摸寶寶的手心和後背，如果是暖和的，身上也不出汗，就說明衣服穿得正合適。

如果寶寶出汗，及時用毛巾擦乾。入睡後汗多的寶寶，前後胸墊上小毛巾以防止汗濕內衣。減少出汗、及時擦汗是防止寶寶受涼的重要措施。

行

避免孩子接觸病原

出行時帶好水、牛奶、尿片或紙尿褲、乾毛巾，出遠門時要帶上退熱藥以防萬一，不要去人群擁擠的地方。

不要讓寶寶與呼吸道感染患者一起玩耍。如果家裏有人得了感冒，應減少與寶寶的接觸。

父母在外面接觸病菌的機會比較多，由於成人體質較強，一般不會患病，而寶寶就不一樣；因此，父母下班回家最好不要馬上和寶寶親熱。

住

保持居室空氣新鮮

寶寶居室要保持空氣新鮮，經常開窗通風。室內濕度也要保持在 45%~55%，在室內放盆水可以增加濕度。

專家解答

為甚麼要做好寶寶雙腳的保暖？

雙腳是肢體的末端，血液循環差，如果腳部着涼，會反射引起鼻、咽、氣管等上呼吸道黏膜的改變，使抵抗病原微生物的能力下降。尤其是嬰兒體溫調節中樞不完善，禦寒能力差，加上下地活動少，腳部受涼，很容易患呼吸道感染。因此，寶寶腳部的保暖工作要做好，讓寶寶多活動活動肢體，睡前最好用溫水給寶寶洗洗腳。

空氣污染之下，媽媽最想知道的事

從生理結構上看，寶寶呼吸道非常嬌嫩、脆弱，嬰幼兒還沒有鼻毛、鼻腔比成人短、彎曲度沒有成人大，面對有害物質時，既沒有鼻毛這樣的過濾屏障，也因為直通的氣道，使得氣流暢通無阻，所以對空氣污染更敏感。空氣污染時家長尤其要重視防護孩子的呼吸系統。

1 最好戴純棉口罩

小寶寶不會用語言表達自己的不舒服，戴口罩有引起窒息的危險，因此 3 歲以下的寶寶不建議戴口罩。

3 歲以上的寶寶可以選擇戴紗布、棉布口罩，這類口罩對灰塵過濾性比較好，同時也比較舒適透氣。而 N95、N90 口罩其實並不適合小孩，因為這種口罩密封性非常高，容易導致呼吸不暢。

2 遠離馬路

告訴上學的孩子走路時儘量遠離塞車地段，因為上下班高峰期和晚上大型汽車進入市區這些時間段，污染物濃度最高。

叮囑孩子不要做過於劇烈的運動，避免急促呼吸時將更多污染物吸入肺中。

3 小寶寶必須出門時，最好由家長抱着

因為孩子尚處於發育階段，身材矮小，抵抗力較弱，而空氣污染很容易沉積於低處，使呼吸系統發育尚未完善的寶寶更易發生各種呼吸系統疾病。所以，小寶寶必須出門時，家長最好抱着。

4 做好個人衞生

幼兒在空氣污染天氣裏應避免外出，家長外出回家後應首先換掉外套和褲子，洗臉洗手，將室外的病原體隔離掉。上學的小孩回家後應先做洗手、洗臉、洗鼻等自我清潔工作。

5 多喝水

空氣污染，家長要多給寶寶喝水，以保持呼吸道黏膜的濕潤。尤為一提的是，清晨飲水可以很好地緩解呼吸道脫水情況。清晨飲水以白開水為好，也可以加少量果汁。

6 少開窗通風

應當選擇中午陽光較充足、污染物較少的時候開窗換氣，時間不宜過長。

專家解答

怎麼購買兒童口罩？

兒童的心肺功能尚在發育中，買口罩時要注意查看呼吸阻抗的數值，選擇數值低的，防止兒童因呼吸不暢而導致血氧濃度不足，引發危險。另外，要符合兒童臉型的空間結構，使口罩能與兒童面部足夠貼合，達到較好防護效果。

莫忽視兒童肺功能檢查

肺功能檢查是呼吸系統疾病的必要檢查之一，對於早期檢出肺、氣道病變，評估疾病的病情嚴重程度及預後，評定藥物或其他治療方法的療效，鑒別呼吸困難的原因等有重要的指導意義。肺功能檢查一般是很安全的。

肺功能檢查並非大人的專利

一般 5 歲以上的兒童可以配合做肺通氣功能檢查、支氣管激發試驗、支氣管舒張試驗等肺功能檢查項目。對於個別配合良好的兒童，年齡還可適當放寬至 4 歲。3 歲以下嬰幼兒肺功能檢測則需要特殊的儀器和設備才能進行。

哪些兒童需要檢查肺功能？

1. 反復咳嗽或伴有喘息。
2. 咳嗽持續 2~3 周以上，抗生素治療無效。
3. 反復「感冒」發展到下呼吸道感染或炎症，持續 10 天以上。
4. 哮喘患兒病情評估。
5. 急性發作的嗆咳、聲音嘶啞、呼吸困難。
6. 嬰幼兒急性支氣管炎、肺炎與哮喘的早期鑒別。
7. 其他呼吸系統疾病。

兒童肺功能檢查注意事項

不適宜人群：

有心肺功能不全、高血壓、冠心病、甲狀腺功能亢進等疾病患者。

檢查前禁忌：

受試前 1 個月無呼吸道感染史；哮喘患者處於症狀緩解期。

檢查時要求：

兒童可能會害怕檢查，在檢查前與檢查時要給予安撫和引導。

第2章

發燒
只是症狀，
盲目退燒掩病情

寶寶發燒，媽媽須瞭解真相

發燒是一種正常的免疫反應

發燒只是症狀表現

一定程度上講，發燒是病毒、細菌等病原體入侵人體後，人體通過體溫調節中樞，主動發起的一場「自衞」戰，是人體免疫力的反應。

在醫生眼裏，發燒不是病，它只是某種疾病的一個症狀表現，而從這個表現中通常可以找到一些線索，比如溫度的高低、熱型、起病原因、伴隨症狀等。在醫學上有一條重要的臨床原則，就是「首先明確診斷，然後給出治療」。因此，在醫生看來，發燒確實是個問題，但發燒不是診斷，並不是必須馬上先把體溫降下來，而應該積極尋找出現發燒症狀的疾病。

發燒是一場「自衞」戰

沒有戰鬥就沒有發燒！人體的發燒其實就是一場體內的戰爭，溫度越高戰爭的程度也就越激烈。人體正常溫度應維持在 36~37℃。

身體發燒是白血球清除致病因子的一場戰爭的信號，也就是說發燒是一件好事，只要發燒溫度不超過 39℃，對身體是沒有壞處的，通過發燒，心跳加快、血流加速，有助於輸送更多的白血球投入戰鬥，戰勝致病因子，使身體更快地好起來。

發燒時的 3 個階段

體溫上升期

症狀	特點
發冷惡寒、起疙瘩、寒戰和皮膚蒼白	產熱＞散熱，體溫不斷上升

高溫持續期

症狀	特點
皮膚發紅、乾燥，自覺酷熱	產熱過程和散熱過程在高水平達到平衡

體溫下降期

症狀	特點
皮膚血管舒張、出汗	散熱＜產熱，體溫下降

區分正常的體溫升高和發燒

正常的體溫升高

孩子的體溫易於波動。感染、環境以及運動等多方面因素都可使孩子的體溫發生變化。孩子體溫升高不一定就是異常，也就是說，體溫的升高不一定就是發燒。若有短暫的體溫波動，但全身狀況良好，又沒有其他異常表現，家長就不應認為孩子在發燒。

其實，就像大人在運動後體溫會有所升高一樣，小兒哭鬧、吃奶等正常生理活動後，體溫也會升高達 37.5℃左右。

正常人體溫在一定的範圍內波動：一般腋窩溫度為 36~37.4℃。

體溫超過 37.5℃定為發燒。進一步劃分為：＜ 38℃為低度發燒；38~38.9℃為中度發燒；39~41℃為高燒；≥41℃為超高燒。

異常的體溫升高（發燒）

體溫異常升高也就是發燒，與哭鬧後造成的體溫升高是不同的。發燒時不僅體溫增高，還同時存在因疾病引起的其他異常表現，如面色蒼白、呼吸加速、情緒不穩定、噁心、嘔吐、腹瀉、皮疹等。

由於小兒個體差異和導致疾病原因的不同，發燒的表現和過程存在很大的差別。比如同樣是肺炎，有的孩子只是低燒，有的孩子高燒達 39~40℃；又比如上呼吸道感染的發燒可持續 2~3 天，而敗血症可持續數周。發燒的起病有急有緩，有的先有寒戰繼之發燒，有的胸腹溫度很高但四肢及額頭發涼。所以，用手觸摸四肢及額頭很難察覺發燒，而觸摸胸腹部就會感覺到小兒發燒。

發燒的特徵

當你親吻或觸摸孩子的前額時，如果感覺比較熱，就說明孩子可能發燒了。一般孩子的正常體溫為 35.5~37.5℃。兒科專家提醒各位家長，察覺寶寶發燒有秘訣：

1 寶寶發燒時的外表特徵：臉部潮紅、嘴唇乾熱，並表現出哭鬧不安。

2 以量體溫的方式確知。如果寶寶體溫超過 37.5℃，即表示已發燒。

3 用觸覺的方式。發現寶寶的身體及額頭溫度比平常高。

4 若已發燒 1~2 小時，或因疾病引起的發燒，通常會影響寶寶食慾。

5 寶寶發燒後，其尿量較少且顏色較深。

在上述幾種方法中，最準確的方法當數量體溫了。以下章節我們會具體介紹。

濫用退燒藥等於重創寶寶免疫力

退燒藥屬鎮痛藥，對白血球是有損傷的。有的孩子病毒感染後，本來白血球就偏低，如果用退燒藥可能會使白血球進一步降低，白血球不足可以引起抵抗力下降，不利於病毒清除。所以一般不建議給孩子使用退燒藥。特別是 6 個月以內的孩子，物理降溫的方法最好。

需提醒的是，用退熱降低體溫只是治標，一定要找到病因，在有針對性的治療的基礎上服用藥物，才更安全、更有效。

儘快找出發燒的原因

屬正常現象的「變蒸」熱

變蒸又叫小兒變蒸，一般是指嬰兒在生長過程中，或有身熱、脈亂、汗出等症，而身無大病。變蒸學說是中國古代醫家用來解釋小兒生長發育規律，闡述嬰幼兒生長發育期間生理現象的一種學說。小兒生長發育旺盛，其形體、神志都在不斷地變異，蒸蒸日上，故稱「變蒸」。

「變蒸」無其他病症

「變蒸」一般只是發燒，不伴有其他病症，「變蒸」用通俗的語言來解釋，就是孩子生長發育過程中的發燒。中醫典籍《脈經》、《諸病源候論》等認為，變蒸是孩子正常的生長過程，就像竹子長節一樣，一般新生兒 64 天一蒸，1 歲後 128 天一蒸，每次會有 5 天的發燒期，對健康並無大礙。小兒在生長發育階段，常會出現發燒精神卻很好的情況，一些家長會誤以為是感冒等；其實，這可能就是變蒸。

「變蒸」和發燒的區別

變蒸和疾病引起的發燒是有明顯區別的。

1

變蒸時，孩子一般都是低燒，體溫在 37.5℃左右，而且精神狀態很好，飲食、睡眠等都很正常；而疾病引起的發燒一般會伴隨其他症狀。

2

變蒸只是孩子生長發育的一種生理現象，且並非所有孩子在變蒸時都有發燒症狀。而發燒是一種症狀，是很多孩子生病時身體第一個出現的症狀。

專家解答

熱型、熱程有助於診斷治療？

發燒有不同的熱型、熱程，每日溫度相差不大於 1℃為稽留熱，每日溫度相差大於 1℃為弛張熱，間隔 2~3 天發燒 1 次為間歇熱，熱型無一定規律為不規則熱；熱程在 2 周以內者為急性短期發燒，持續 2 周以上者為長期發燒。熱型、熱程對診斷治療都有參考價值，但近年來由於各種抗生素及激素的廣泛應用，熱型對診斷的幫助已不像過去那樣重要。

小兒發燒的 5 個常見病因

除了變蒸外，小兒發燒從病因上可分為以下 5 大類，以第一類感染性疾病最多見。

1 感染性疾病（約佔 40%）

包括各種細菌、病毒、寄生蟲、真菌、支原體、螺旋體和立克次體等感染引起的呼吸、消化、泌尿、中樞系統及全身性感染性疾病。

2 血液病與惡性腫瘤（約佔 20%）

各型白血病、惡性淋巴瘤、惡性組織細胞病或神經母細胞瘤等。

3 結締組織病與變態反應性疾病（約佔 20%）

系統性紅斑狼瘡、結節性多動脈炎、少年型類風濕性關節炎、結節性非化膿性脂膜炎、皮肌炎、惡性肉芽腫病、風濕熱、血清病、皮膚黏膜淋巴結綜合症、血管性免疫母細胞淋巴結病。

4 神經系統疾病（約佔 10%）

中毒性腦病、顱腦損傷、大腦發育不全、間腦病變、腦炎後遺症、蛛網膜炎等。

5 其他（約佔 10%）

藥物熱、高鈉血症、郎格罕細胞組織增生症、結節病、免疫缺陷病如慢性肉芽腫、亞急性壞死性淋巴結病、燒傷、骨折、血腫、血管內栓塞、暑熱症、夏季低燒、無汗性外胚葉發育不良、抗生素引起的菌群失調等。

疹子退，熱就消

有一種疾病有這個特點，是玫瑰疹，在醫學上叫幼兒急疹：「疹退，熱出，病癒」。

有個小孩剛 1 歲，發燒 38℃左右，精神狀況還可以，能哭，能笑，也能吃點東西，小臉紅卜卜的，除了發燒，沒有發現流鼻涕、咳嗽等症狀，又過了兩三天，突然出了一身疹子，這種疹子是淡黃色的，用手壓上去可以褪色，出疹子以後，孩子的體溫慢慢下降。疹子一退，熱也跟着退，疹子三四天就會退去，沒有任何痕跡，病程就結束了。

剛開始發燒，家長很着急，但是可以觀察，特別是 1 歲左右的孩子，看他有沒有出疹。幼兒急疹是一種常見病，出疹之後沒有甚麼疤痕，也沒有甚麼併發症，家長不必太擔心。

穿太多，喝水又太少

大人總怕寶寶着涼，給他穿很多衣服，發燒以後穿衣服更多。穿太多而喝水又太少，很容易引起發燒，尤其是夏天。這種發燒叫功能性發燒。

小孩的新陳代謝比成人旺盛，加上吃的蛋白質類食物比較多，產熱比較多，通過皮膚的散熱才能散發出來，散熱的主要方式就是出汗，如果水分供應不足，出汗比較少，從體內產生的熱量也不能帶出來，就會出現發燒，甚至可以引起高燒。所以，小孩一定要多飲水，尤其是夏天，會走會跳的孩子穿衣服有一個標準，就是比成人少一件就可以了。

疫苗接種會有發燒反應

孩子接種一些疫苗之後，比如白喉、百日咳、破傷風等疫苗，都會有一些反應，發燒是常見反應，這種發燒多半是低燒，37.5~38℃。

區別輕重緩急的標準

區別輕重緩急的標準是，一般預防接種之後的發燒多半是 72 小時之內自覺退去。如果超過 72 小時還在發燒，可能就不能用單純的預防接種反應來解釋了，必須要馬上就醫。

同時提醒一下家長，比較重要的一點就是，孩子在得感冒或者胃腸道疾病的時候，儘量推遲預防接種的時機。

低中度發燒簡單處理

當然，預防接種後大部分孩子的發燒都是低中度發燒。如果超過 38.5℃怎麼辦？可以適當給予單純的退燒藥，其他抗感冒的藥不必服用。而低燒則不用吃藥，多喝水就可以了。

別小看脾虛積食，「萬病根源」不誇張

飲食不當，脾胃虛弱致使食物蓄積腸胃，在胃腸無法消化發酵而產生熱能的發燒，以嬰幼兒為最多。這種發燒四肢掌心熱，不像感冒的四肢冷，消食即熱退而痊癒。

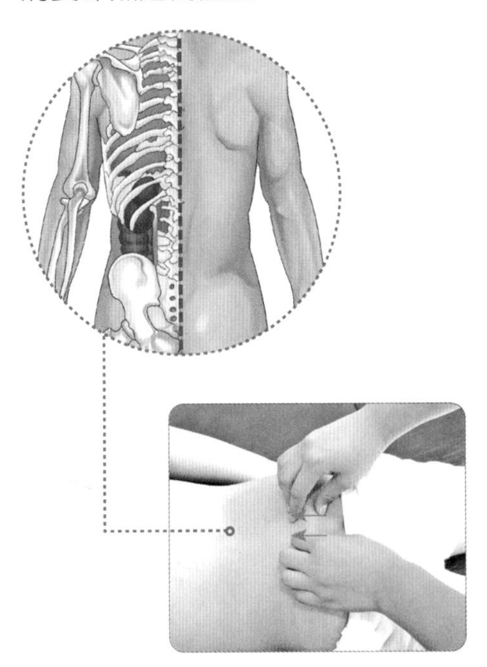

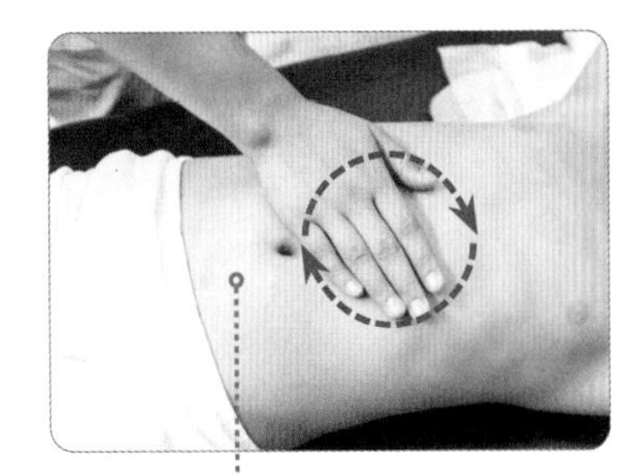

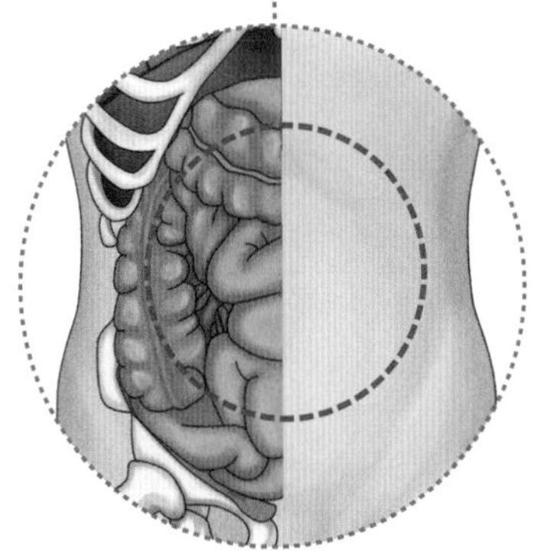

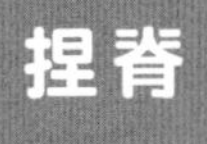

捏脊 改善積食

精準定位 後背正中，整個脊柱，從大椎至長強成一條直線。

推拿方法 由下而上提捏孩子脊旁1.5寸處3~5遍，每捏三次向上提一次。

取穴原理 捏脊可以促進孩子脾胃消化，避免腸胃積食引起的發燒。

摩腹 健脾助運化

精準定位 前正中線上，兩乳頭連線的中點處。

推拿方法 家長以右手中間三指順時針推拿孩子腹部3分鐘。

取穴原理 中醫認為，腹部是氣血生化之源。雖然摩腹法作用於局部，但可以通過健脾助運達到培補元氣的作用，從而有益於全身保健。

低燒：在家給寶寶物理降溫

隨時掌握寶寶體溫是要事

寶寶發燒，父母測量體溫，可以及時瞭解病情變化，這樣有助於採取相應措施。測量體溫有以下幾種方式：腋溫、口溫、耳溫、肛溫、額溫。其中肛溫最準確，但因為寶寶不配合，多數家長不喜歡採取這種方式，而最常用的測量位置是腋下。

肛門測溫

醫生一般建議 5 歲以下的孩子要儘量用肛門（直腸）測溫，這樣最準確。

1 探熱針塗潤滑油，再將探熱針的 1/3 插入肛門內，5 分鐘後取出並記錄。

2 用海棉擦淨肛門，用酒精清潔探熱針（切忌用熱水清洗，以免損壞）。

專家解答

寶寶體溫多少算正常？

不同部位所需要的測溫時間和正常的體溫範圍是不同的，如：

1. 給口腔測溫需要 5~7 分鐘，這個部位正常的體溫範圍是 36.3~37.2℃；
2. 給腋下測溫需要 5 分鐘，這個部位正常的體溫範圍是 36.1~37.0℃；
3. 給肛門（直腸）測溫需要 3~4 分鐘，這個部位正常的體溫範圍是 36.6~37.7℃。

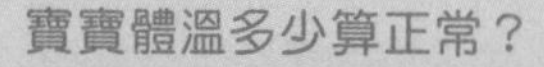

腋下測溫

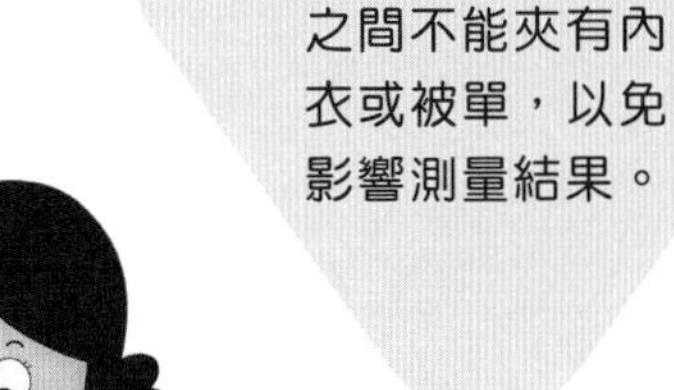
在探熱針與皮膚之間不能夾有內衣或被單，以免影響測量結果。

1 給寶寶測量腋窩溫度前，要讓寶寶的手臂自然下垂，將腋窩閉合1分鐘，使腋窩溫度穩定。

2 把探熱針的水銀柱端放入寶寶腋窩深處，父母用一隻手稍用力按住寶寶的上臂（可以環抱着寶寶以幫助他合緊手臂），使探熱針在腋窩中央夾緊，5分鐘後取出。

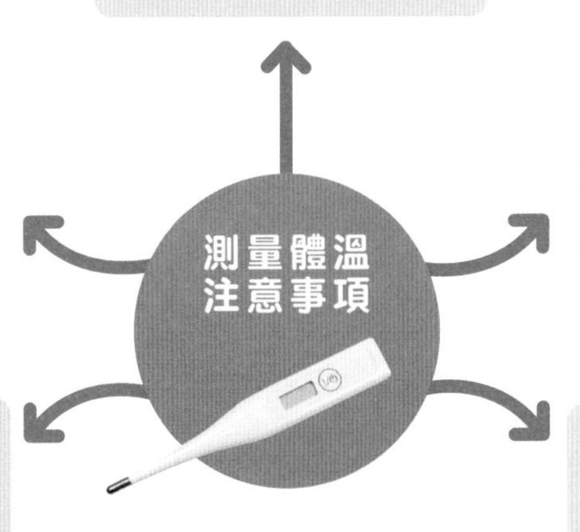

若寶寶腋下有汗，一定要擦乾後稍等片刻再測。

不要在寶寶剛擦浴或洗澡後馬上測。

不要在寶寶剛喝完熱水或奶後立即測量。

每天監測體溫最好在固定時間進行（餐後半小時以外），這樣更具有比較判斷價值。寶寶發燒時，測量體溫要密。

寶寶吃奶、哭鬧或劇烈活動後體溫會升高，要稍作休息再測體溫（也可以在孩子安靜時或睡眠後再測體溫）。

發燒孩兒千萬不能焗汗

兒童尤其是幼兒，體溫調節中樞尚未發育完全，還不太會用出汗這一方法來降低體溫，所以小寶寶感冒後易發燒，而且往往體溫很高也不能出汗降溫。因此，很多人認為小孩感冒發燒「焗一身汗」就能降體溫，這是很不科學的做法。

越焗汗體溫越高

發燒的患兒千萬不能「焗」，有些家長以為把孩子裹得嚴嚴實實，給孩子焗出一身汗來，體溫就能降下來了；事實上，越焗汗體溫越高。這樣做不僅影響孩子散熱、降溫，還會誘發小兒高燒驚厥甚至休克等。所以，孩子發燒，第一時間要解開患兒的衣服來散熱。

脫衣服注意避風

在沒有冷風直吹的情況下，為寶寶脫去過多的衣服或解開衣服，有利於散熱。當脫下寶寶的衣服時，他很可能會哭鬧，不要因此而慌張。

6 個月以下患兒，多用溫水擦浴

6 個月以下的小嬰兒，醫生不主張用藥物，寶寶太小，吃退燒藥會造成出汗，如果出汗很多，水分就會丟失很多，會造成寶寶血液循環量不夠。另外，6 個月以下嬰兒腎功能發育不成熟，退燒藥易損害腎功能。所以小嬰兒在家裏退燒，多主張用物理方式降溫，最常見的方法就是給小嬰兒溫水擦浴。

溫水擦浴降溫安全有效

寶寶最好的物理降溫方法是溫水擦浴，既安全又有效。溫水擦浴全身的皮膚，可使身體表面血管擴張，促進血液循環，增強新陳代謝。溫水擦浴可使患兒感到舒適而易於接受，同時還有消除汗液、清潔皮膚的作用，並且沒有導致出血及驚厥的危險。

溫水擦浴的方法

1

水溫與體溫差不多

如果小嬰兒體溫在 38℃左右，將其放在 38℃左右的溫水進行擦拭。洗澡的過程中，保持周圍儘量沒有對流風，在一個相對比較密封的環境裏面，室溫最好在 22~24℃。

2

重點擦拭部位

將毛巾浸入水中，家長可以在小嬰兒頸部、腋窩、肘部、腹股溝處、膕窩（膝蓋後方）等全身大血管處用毛巾擦，使皮膚微紅，加速散熱。這種方法對孩子來說是無創的。

3

盆浴時間要短

洗澡時間一般控制在 10 分鐘以內。

4

保持水溫相對恒定

在這個過程中儘量保持水溫的恒定。比如一開始是 38℃，過一會兒水溫降低了，小嬰兒就會不舒服，在這個過程中要不停地添加熱水，但要防止燙傷。

TIPS

用酒精降溫並不好

酒精比較冰，用高濃度酒精或冷水擦浴，會引起小兒血管強烈收縮，導致畏寒、渾身發抖等不適症狀，甚至加重小兒缺氧，出現低氧血症。另外，用酒精擦浴，小兒由鼻腔吸入揮發的酒精，會對其肝臟造成刺激。所以，一般不主張給小兒用酒精擦拭。

正確用冰袋或冰枕，保護大腦

人體依靠大腦的下丘腦來調節體溫，寶寶因為大腦發育不夠完善，接到這個調節信號後經常會出現調節過度的情況，這也是寶寶為甚麼比大人更容易發高燒的原因。使用冰袋或冰枕也是一種物理降溫方法，有利於保護腦細胞。

讓寶寶睡冰枕

冰枕是甚麼做的？就是家裏的熱水袋。這種冰枕是在熱水袋裏面加上冰塊，放上涼水，形成一個小枕頭，在上面放一條薄毛巾。枕在甚麼地方呢？一定要枕在寶寶的後腦勺，在枕的過程中一定要注意，千萬不要因為寶寶的移動或者哭鬧，讓寶寶弄到背部。

冰袋冷敷寶寶

通常採用冰袋冷敷頭頸、腋下及兩側腹股溝的退熱方法。冰袋外需要包裹毛巾或一層布，避免過冷刺激傷害寶寶。

TIPS

降溫貼降溫效果甚微

貼降溫貼實際上屬物理降溫，貼在腦門上雖然有比較涼快的感覺，但效果很有限，因為這個位置只有一些毛細血管。而貼在腹股溝、頸部等有大動脈的位置，又會使孩子感到刺激、不舒服。所以，降溫貼效果並不好，家長指望它退熱是不明智的。

多飲白開水，防止脫水

寶寶發燒時，就是要出汗、排尿才能讓體溫降下來，所以一定要讓寶寶多喝水。隔個十來分鐘，就讓寶寶喝水，讓他能多出汗、多排尿。

喝水防止虛脫

喝水可以補充丟失的水分，防止虛脫。寶寶發燒時，心率和呼吸都會增快，呼吸加快、皮膚溫度升高和不同程度的出汗都增加了水分的流失，不及時補充水分容易造成脫水。特別是出汗後，應補充充足的水分，以免虛脫。一旦發生輕度到中度脫水，可以給寶寶補充電解質液體，如含糖或含鹽的溫水、米湯、蘋果汁、口服補液鹽等。

喝水有利於幫助散熱

寶寶發燒時，人體細胞代謝也會加快，各種代謝都要有水的參與，所以身體此時對水的需要量會增加。

喝水可以排出毒素

多喝水才能多排尿，促進體內的毒素以及代謝廢物儘快排出，利於孩子儘快康復。如果孩子實在不愛喝白開水，可以往水中加一點新鮮果汁，既能改善口味，又補充了維他命 C。

專家解答

寶寶喝水太多會中毒嗎？

據相關資料統計，水中毒一般好發於 6 個月以下嬰幼兒，症狀包括嗜睡、不安、厭食、嘔吐、體溫降低等，甚至出現全身性痙攣、昏迷的現象。

所以出現水中毒的情形，主要因為嬰幼兒的腎臟功能發育不成熟。因此，一旦寶寶喝水太多（關於喝水多少的問題見本書第 60 頁），腎臟將無法及時排出體內的過多水分，而水分蓄積在血液中導致鈉離子被過分稀釋，造成低血鈉，引起水中毒，進而影響腦部活動。

另外還有一些發生水中毒的小寶寶，主要是因為所喝的配方奶沒有按照正確的比例沖泡，奶水過稀導致寶寶攝取水分過多。

鮮梨汁

適合年齡
5 個月以上

材料

雪梨 1 個

做法

1 雪梨洗淨，去皮、去核，切成小塊。

2 將雪梨塊放入榨汁機榨成汁即可。

要點

雪梨一定要新鮮，每次飲用 1~2 匙。

功效

具有清熱、潤肺、止咳的作用，適用於發燒伴有咳嗽的寶寶。

鮮蘋果汁

適合年齡
5 個月以上

材料

蘋果 50 克

做法

1 蘋果洗淨，去皮、去核，切小塊。

2 將蘋果塊放入榨汁機中，加入適量飲用水，攪打均勻即可。

要點

蘋果汁宜現切現榨，這樣更能保留蘋果的營養。

功效

含有維他命 C，可以補充營養，還可以中和體內毒素。

西瓜汁

適合年齡

5 個月以上

材料

西瓜肉 50 克

做法

1 西瓜肉去籽，切小塊。

2 西瓜塊放入榨汁機，打成汁即可。

要點

注意果汁可稀釋一倍後再給寶寶喝。

功效

具有清熱、解暑、利尿的作用，可以促進毒素的排泄。

葡萄汁

適合年齡

6 個月以上

材料

葡萄 30 克，蘋果 15 克

做法

1 葡萄洗淨，去皮、去籽；蘋果洗淨，去皮，去核，切塊。

2 將葡萄肉、蘋果塊分別放入榨汁機中榨汁，果汁按 1：1 的比例對溫水，即可飲用。

要點

蘋果汁宜現切現榨，這樣能更多地保留蘋果的營養。

功效

對血管和神經系統發育有益，並能預防感冒。

TIPS

喝果汁要有所節制

如果寶寶攝入太多果汁或含糖飲料，容易造成蛀牙、腹瀉、腹脹、腹痛、過胖甚至營養不均衡。而太早讓寶寶接觸含糖飲料，會讓寶寶更加不愛喝水。因此，寶寶喝果汁一定要有所限制，1 歲以下嬰兒每天喝果汁不要超過 120 毫升，1~6 歲寶寶每天喝果汁應控制在 120~180 毫升。

飲食配合各個發燒階段

1 總體飲食宜清淡

發燒時唾液的分泌、胃腸的活動會減弱，消化酶、胃酸、膽汁的分泌都會相應減少，而食物如果長時間滯留在胃腸道裏，就會發酵、腐敗，最後引起中毒。

2 吃母乳的寶寶堅持母乳餵養

發燒時，母乳寶寶要繼續母乳餵養，並且增加餵養的次數和延長每次吃奶的時間。奶粉寶寶可以給予稀釋的牛奶、稀釋的鮮榨果汁或白開水。

3 添加輔食的寶寶選易於消化的輔食

添加的輔食應易於消化，以流食或半流食為主，根據寶寶月齡選擇乳酪、牛奶、藕粉、小米粥、蒸雞蛋等。可以採用少食多餐的方式餵寶寶。每餐之間餵一些西瓜汁、綠豆湯等。

乳酪　牛奶　小米粥　蒸雞蛋

4

發燒伴有腹瀉、嘔吐，需補充富含電解質的食物

發燒伴有腹瀉、嘔吐，但症狀較輕的，可以少量多次服用自製的口服糖鹽水，配製比例為 500 毫升水或米湯中加 1 平匙糖和半啤酒瓶蓋食鹽。

1 歲左右的寶寶，4 小時內服 500 毫升。同時還可以適當吃一些補充電解質的食物，如柑橘、香蕉等水果（含鉀、鈉較多），奶類與豆漿等（含鈣豐富），米湯或麵食（含鎂較多）。症狀較重的，暫時禁食，以減輕胃腸道負擔，同時請醫生診治。

＊宜先諮詢醫生意見。

5

體溫下降食慾好轉，改半流質飲食或軟食

如藕粉、稠粥、蒸雞蛋、麵片湯等。以清淡、易消化為原則，少食多餐。不必盲目忌口，以防營養不良，抵抗力下降。伴有咳嗽、痰多的寶寶，不宜過量進食，不宜吃海鮮或過鹹、過油膩的菜餚，以防引起過敏或刺激呼吸道，加重症狀。

TIPS

發燒寶寶不可強迫進食

有些媽媽認為發燒會消耗營養，於是強迫寶寶吃東西。其實這樣做會適得其反，反而讓寶寶倒胃口，甚至引起嘔吐、腹瀉等，使病情加重。

小兒發燒時食慾下降，此時以流食為主。當體溫下降、食慾好轉後，應改為半流質飲食或軟食。

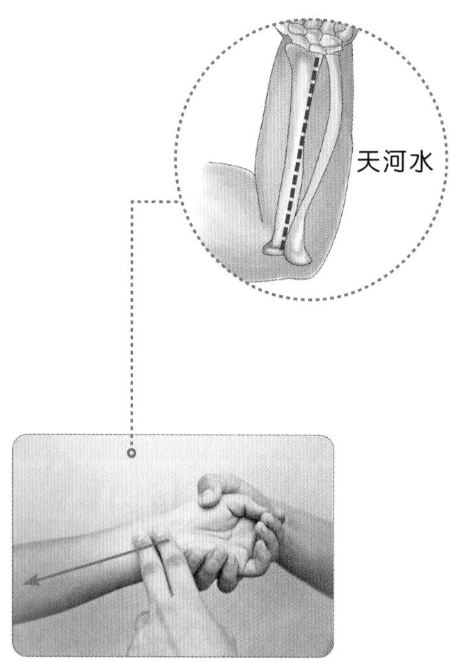

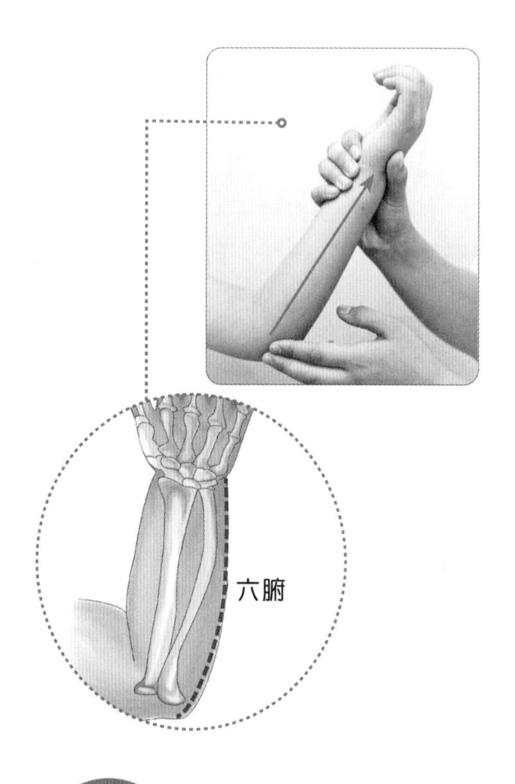

清天河水　清熱解表、瀉火除煩

精準定位　前臂正中，自腕至肘成一直線。

推拿方法　用食中二指指腹自腕向肘直推天河水 100~300 次。

取穴原理　清天河水能夠清熱解表、瀉火除煩。主治孩子外感發燒、內熱、支氣管哮喘等病症。

推六腑　清熱、涼血、解毒

精準定位　前臂尺側，腕橫紋至肘橫紋成一直線。

推拿方法　用拇指指端或食中二指指端，沿着孩子的前臂尺側，從肘橫紋處推向腕橫紋處，操作 300 次。

取穴原理　推六腑有清熱、涼血、解毒的功效，對感冒引起的發燒、支氣管哮喘有調理作用。

服用退燒藥應注意甚麼？

1. 口服退燒藥一般可 4~6 小時服用 1 次，每日不超過 4 次。

2. 儘量選用 1 種退燒藥，尤其應注意一些中成感冒藥，其中常含有對乙醯氨基酚等西藥退燒藥成分，應避免重複用藥。

3. 糖皮質激素不能作為小兒高燒抗炎降溫的常用藥物，否則很容易引起虛脫、水電解質紊亂，還可降低機體抵抗力。

4. 退燒藥不宜空腹給藥，儘量飯後服用，以避免藥物對胃腸道的刺激。

5. 服退燒藥時應多飲水，及時補充電解質，以利於排汗降溫，防止發生虛脫。

6. 反復使用退燒藥時，要勤查血常規，以監測顆粒白血球數量是否減少。

退燒藥療程不宜超過 3 天，熱退即停服，服藥 3 天後仍發燒時應諮詢醫生。

體弱、失水、虛脫患兒不宜再給予解熱發汗藥物，以免加重病情。

總之，對於兒童發燒，家長首先應冷靜，隨時觀察孩子發燒後的精神狀況，在醫生明確診斷後，合理地選用降溫措施或藥物，才會使患兒恢復得更快。

專家解答

退燒藥別超過 3 天？

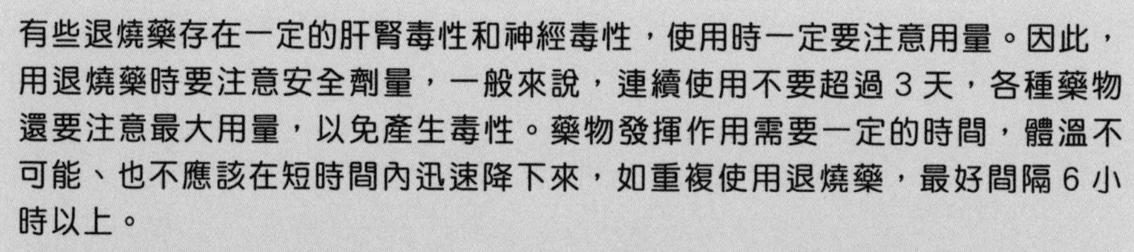

有些退燒藥存在一定的肝腎毒性和神經毒性，使用時一定要注意用量。因此，用退燒藥時要注意安全劑量，一般來說，連續使用不要超過 3 天，各種藥物還要注意最大用量，以免產生毒性。藥物發揮作用需要一定的時間，體溫不可能、也不應該在短時間內迅速降下來，如重複使用退燒藥，最好間隔 6 小時以上。

如果患者連續 3 天服用退燒藥，但仍無明顯好轉，就需要前往醫院，因為這意味着病情較為嚴重和複雜，需要做進一步的詳細檢查和治療。

39.1~41℃為高燒：應及時就醫

發現寶寶這些情況，需要馬上就醫

高燒驚厥的特點

1. 小兒在非中樞神經系統感染時，出現 38.5℃以上，特別是 39℃以上的高燒時最易發生驚厥。驚厥為全身性的，表現多為突然發作，意識喪失，雙眼球固定、上翻或斜視，頭後仰，四肢抽動或呈強直狀，口角或面肌抽動，可伴有呼吸暫停，面色青紫或蒼白。重者出現口唇青紫，有時可伴有大小便失禁。持續時間短，一般少於 10 分鐘。

2. 驚厥均發生在發燒開始 24 小時。特別是 12 小時內，體溫驟升時。

3. 驚厥後意識恢復快，無神經系統異常體徵。

4. 高燒驚厥的發生與遺傳和環境因素有關，患者中約 24% 有高燒驚厥家族史，4% 有癲癇家族史。

甚麼時候需要看醫生？

1. 寶寶第一次出現高燒驚厥。
2. 寶寶 1 歲之內發生高燒驚厥。
3. 直系親屬尤其是父母有高燒驚厥或癲癇病史。
4. 頻繁的複雜性高燒驚厥。
5. 復發的高燒驚厥，但發作時的表現與以往顯著不同。

專家解答

有過驚厥史能打疫苗嗎？

如果寶寶有驚厥史、癲癇史，一般不能接種百日咳疫苗、流腦疫苗，因這些疫苗可誘發驚厥。當媽媽帶寶寶打疫苗時，要和負責預防接種的醫生說一下以前曾出現過驚厥（次數、持續時間、首次出現時間等），讓醫生決定寶寶是否可以接種。

發燒兒到醫院會檢查甚麼項目？

發燒是炎症的結果，可以到醫院檢查引起炎症的原因。炎症包括病毒、細菌、支原體、過敏等多種因素。千萬不要認為，咽紅、流涕、咳嗽就一定是細菌感染。發燒患兒到醫院，醫生常建議檢測血常規和 C- 反應蛋白。

何為 C- 反應蛋白（CRP）？

C- 反應蛋白可在各種急性炎症、損傷等發作後數小時內迅速升高，並有成倍增長之勢。病變好轉後又迅速降至正常，其升高幅度與感染的程度成正相關，被認為是急性炎症時反應最主要、最敏感的指標之一。

如果血常規檢查白血球至少超過 15×10^9 個 / 升、CRP 超過 30，提示可能是細菌感染。

醫生根據 CRP 結果選用藥物

CRP 與白血球總數、紅血球沉降率和多形核（中性）白血球數量等具有相關性，尤其與白血球總數存在正相關。可幫助辨別感染類型，並用於細菌和病毒感染的鑒別診斷：細菌感染時，CRP 水平升高；而病毒感染時，CRP 不升高或輕度升高。所以，醫生可根據 CRP 結果有針對性地選擇藥物。

專家解答

到醫院的過程中，有沒有甚麼注意的地方？

送醫院的途中，不要給孩子包裹得太厚，坐車最好通風。同時可以用一些物理方法降溫。

小兒高燒驚厥，如何急救？

小兒發生驚厥，也就是痙攣時，家長首先要鎮靜。不要大聲哭叫或搖動孩子，也不要餵水，更不要給孩子吃藥。

2

高燒可加重痙攣，增加耗氧量，引起腦水腫，故應採取有效的降溫措施。

父母要保持鎮靜，迅速將孩子抱到床上，使之平臥，解開衣扣、衣領、褲帶，採用物理方法降溫，如讓孩子躺在陰涼通風處，用冷毛巾放在頸部，使體溫很快下降。

可在患兒的前額放一塊冷濕的毛巾，經常更換冷敷。

3

1. 不可以用力搖晃孩子、強行控制肢體抽動、焗汗退熱，這些方法都是不正確的。
2. 如果採取以上處理，抽搐不能平息，以致引起呼吸停頓，則馬上進行人工呼吸心外按壓，同時立即打 999 叫救護車送醫院診治，切勿延誤。家長切記不要自行抱寶寶奔跑，如果有氣管內異物吸入，將會加重窒息程度。

4

保持孩子呼吸道通暢，使其頭偏向一側，以免痰液吸入氣管引起窒息。及時清除口腔內分泌物，防止堵塞氣管。

用布包着竹筷或將手絹擰成麻花狀塞在患兒的上下牙齒間，以防痙攣時咬傷舌頭。口腔有分泌物、食物時，要及時清除乾淨，確保呼吸通暢。如果患兒已咬緊牙關，不要強行拉開。

5

用手指甲掐人中穴止痙，必要時可用針刺人中、合谷等穴位。

6

由於高燒驚厥容易反復發作，因此，有過高燒驚厥的孩子一旦發燒，在醫生指示下應趕快吃些退熱藥和鎮靜藥，防止體溫突然上升引起抽搐。止抽後，應及時去醫院就診，以便明確診斷。

7

如果採取以上措施，痙攣不能平息，以致引起呼吸停止，則馬上進行人工呼吸，並立即送醫院診治，切勿延誤。

如何預防高燒驚厥復發？

高燒驚厥常有復發，在初次驚厥發作以後，25%~40%（平均 33%）的寶寶在以後的熱性病時會出現驚厥復發。在高燒驚厥寶寶中，1/3 有第二次驚厥，其中的 1/2 有第三次發作。

根據起病年齡預測復發

復發的預測主要是根據起病的年齡。初次發作在 1 歲以內的患兒復發率最高，大約 1/2 病例會復發。

如果是複雜性高燒驚厥，家族中有癲癇病史者，復發機會更高。高燒驚厥發作持續時間長，是其頻繁發作的危險因素。

及時退燒是預防復發的法寶

當寶寶體溫超過 38.5℃時，媽媽就要及時為寶寶採取降溫措施，尤其是曾發生過高燒驚厥的寶寶，38℃時就要在醫生指示下準備吃退燒藥。

物理降溫

可以用 20℃左右的涼水濕敷寶寶的頭部。此外，可以用冰枕或冰袋，一發燒就敷在頭上或大動脈處，如頸、大腿根部等地方。同時，高燒不退時還可以洗溫水澡，全身用溫水擦拭，促進外周血管擴張，利於熱量散出。

如果在家中不能退熱，要及時去醫院。

TIPS

寶寶退熱後，要觀察體溫、出汗情況。若汗出熱退，則病情好轉，及時為寶寶擦乾身體，更換衣服及被褥，以防受涼。

第3章

咳嗽
綠色止咳法，寶寶快點好起來

辨別症狀，找出病因

咳嗽是兒童呼吸系統疾病的主要症狀之一，作為人體的一種防禦功能，它可以清除呼吸道的分泌物，保護呼吸道。但「久咳會不會轉成肺炎」、「哪種咳嗽該去醫院」、「一咳嗽是不是就得吃止咳藥」……這些擔心和疑惑時時困擾着家長，讓他們難以抉擇。

輕度咳嗽有益，毋須服藥

咳嗽是一種臨床症狀，不是疾病的名稱。它是一種保護性呼吸道反射。當人體的呼吸道受到外界的各種刺激（如冷空氣、煙霧等）時，神經末梢就立即給大腦延髓咳嗽中樞發出信號。於是，大腦下達指令：趕緊咳嗽，把「入侵者」趕出去！於是，咳嗽就出現了。

咳嗽是一種有益的動作。作為家長，心裏一定要有這個概念。因此，在一般情況下，對輕度而不頻繁的咳嗽，只要將痰液或異物排出，就可自然緩解，毋須應用鎮咳藥。

當心是否慢性咳嗽

短期的咳嗽並不可怕，但如果咳嗽時間持續過久，則要當心是否為慢性咳嗽了。

引起慢性咳嗽的原因

鼻後滴流綜合症、支氣管哮喘、胃食道反流病、嗜酸細胞性支氣管炎、慢性支氣管炎、支氣管擴張、支氣管內膜結核以及某些藥物等所致。其中前三種病佔慢性咳嗽病因的 90%。

如果是頑固性咳嗽，且咳嗽多發於夜間或凌晨，常為刺激性咳嗽，肺部檢查無哮鳴音。這個時候就該警惕是否患上了一種特殊類型的哮喘——醫學上稱為「咳嗽性哮喘」。此類患者常常被誤診為慢性支氣管炎或慢性咽喉炎，長期使用抗生素而症狀卻得不到緩解。

專家解答

甚麼情況下咳嗽需要就醫？

對那些無痰而劇烈的乾咳，或有痰而過於頻繁的劇咳，不僅增加患者的痛苦，影響休息和睡眠，增加體力消耗，甚至還會促進病症的發展，產生其他併發症，在這種情況下就需要到醫院就診，並且應該適當地服用鎮咳藥，以緩解咳嗽。

咳嗽

急性咳嗽	亞急性咳嗽	慢性咳嗽
通常指咳嗽時間在3周之內，常見的原因包括：感冒，急性氣管或支氣管炎，急性鼻炎等。	指 3~8 周的咳嗽，例如上呼吸道感染後出現的咳嗽。	咳嗽時間持續8周以上，又無明顯肺部疾病證據的咳嗽。

這 5 種咳嗽須到醫院

一般說來，家長也不必一聽到孩子咳嗽，就急忙帶他們去醫院，因為很多感冒只要在家精心照顧就能痊癒，除了以下 5 種：

1 夜間乾咳

如果孩子咳嗽不斷，且一到晚上症狀就加重，家長則要小心了。這可能是哮喘的症狀。此時，應該帶孩子去看醫生，如果他們出現無法吃飯、喝水或說話困難，最好叫救護車。

2 發燒伴隨咳嗽

孩子出現高燒，同時伴有無力、嘶啞的咳嗽，身體酸痛，流鼻涕。這種症狀通常是流感，6 個月以上的寶寶可以服用退燒藥，請遵照醫生指示。

3 呼吸時發出異常聲音的咳嗽

如果孩子已經感冒好幾天，咳嗽聲發生了一些變化，出現了嘶嘶的聲音，呼吸也顯得急促，且很愛發脾氣，可能是支氣管炎造成的。可以帶他去看醫生，同時要鼓勵孩子多休息、喝點果汁，嚴重時，可能需要吸氧。

4 發出呵呵聲的咳嗽

孩子感冒 1 周後出現咳嗽症狀，有時，一次呼吸會咳嗽 20 多次，在吸氣的時候還會發出呵呵的聲音。這是細菌感染的症狀，可能有痰液甚至塊狀物阻塞了呼吸道，需要馬上去醫院，6 個月以下的嬰兒需要住院觀察。

5 痰多影響呼吸的咳嗽

孩子感冒 1 周後，情況沒有好轉，且咳嗽後痰變得很多，呼吸也比平時快了。這很可能是肺炎的症狀，要送孩子去醫院照 X 光，且要使用抗生素。一般來說，肺炎是可以在家裏照料的，但是嚴重的要住院。

咳嗽有痰無痰，區別不一樣

事實上，咳嗽的原因多樣，家長可以根據下面這些表現初步做出判斷，並決定下一步該如何治療。

乾咳

咳嗽無痰或痰量極少，可以是陣發性乾咳、單聲清嗓樣乾咳，伴咽部不適、疼痛、刺癢、乾燥感或異物感等，總覺得有東西貼在喉嚨上，咳幾下可緩解這種不適。這種咳可能是急性支氣管炎初期、急慢性咽炎及過敏性咳嗽引起。

1. 家長給孩子多喝水，飲食清淡，忌辛辣刺激、過冷過熱的食物，保持口腔清潔。

2. 消除各種致病因素，積極治療鼻及鼻咽慢性炎症，預防急性上呼吸道感染。

3. 如果是3個月內的寶寶持續咳嗽，有高燒，出現呼吸困難，要及時就診。平時可以給6個月以上的孩子喝百合綠豆飲：綠豆20克，百合15克，冰糖適量，加水同煮，喝湯吃綠豆，每日1次，連用數日。

濕咳

咳嗽有痰，可單咳或陣咳，痰液可以是清痰或黃綠色膿痰。原因可能是支氣管炎或肺炎恢復期、支氣管擴張、肺膿腫、鼻竇炎及遷延性細菌性支氣管炎，這種咳建議儘早就醫。

1. 治療通常建議以化痰為主，不能單純止咳，慎重用藥。

2. 合理飲水，少食多餐，使痰液稀薄容易咳出。

3. 清淡飲食，避免生冷油膩。還可以給1歲以上的孩子多喝蘿蔔蜂蜜水。

看咳嗽的時間及性質知病情

1 突發性嗆咳

無任何先兆，突然出現劇烈嗆咳，可有憋氣、聲嘶、面色蒼白或青紫、呼吸困難甚至窒息。特別是半歲至 2 歲的孩子，可能是在大人不注意時將異物放進了嘴裏，不小心誤入咽喉或氣管引起。

一旦發生意外吸入窒息，應就地採取搶救措施，具體做法是：

① 讓患兒趴在救護者膝蓋上，頭朝下，托其胸，拍其背部使患兒咳出異物。

② 採用迫擠胃部法，由救護者抱住患兒腰部，用雙手食指、中指、無名指頂壓其上腹部，用力向後上方擠壓，壓後放鬆，重複而有節奏地進行，以形成衝擊氣流，把異物衝出。

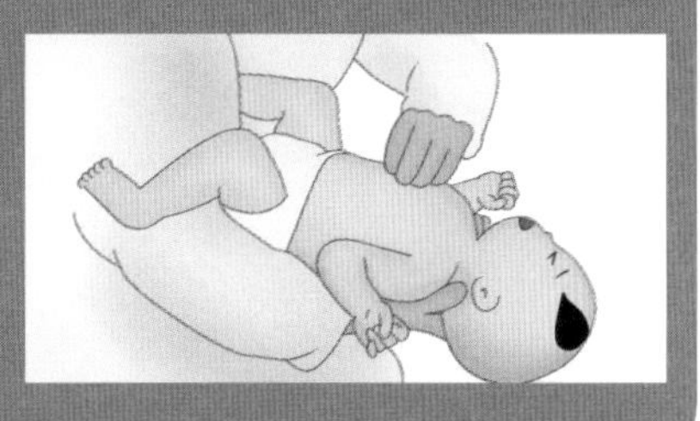

2 發作性咳嗽

為陣發性痙攣性咳嗽，劇烈時伴面部憋紅甚至面色青紫，晚上明顯，有時可陣咳數分鐘。原因可能是百日咳綜合症，也可能是支氣管內膜結核及過敏性咳嗽等。應儘量讓孩子保持安靜，保持呼吸道通暢。出現劇烈咳嗽時，應儘快就診。

3 夜咳

咳嗽最重時通常出現在孩子入睡後的 2 個小時或淩晨 6 點左右，與夜間迷走神經興奮性增高有關。原因可能是以咳嗽為表現的哮喘（咳嗽變異性哮喘）、百日咳綜合症。這樣的孩子要多飲水，多吃新鮮果蔬和清淡食物，不要吃辛辣刺激性的食物，同時建議及早就醫。

聽咳嗽的音色，第一時間作出處理

發燒、
煩躁不安

喉頭水腫、
喉痙攣併發
喉梗阻

犬吠樣咳嗽，聲音嘶啞和吸氣性呼吸困難。

多發於 1~3 歲的嬰幼兒

雞鳴樣咳嗽

表現為連續陣發性劇咳，伴有高調吸氣回聲，原因可能是百日咳綜合症。

① 注意讓寶寶保持安靜，並保持呼吸道通暢。

② 出現劇烈咳嗽，應儘早就診。可以用雪梨、冰糖、川貝煮水給孩子喝。

咳嗽聲嘶啞

陣陣乾咳時，伴有「哐哐哐」的破竹聲，並呈犬吠樣咳嗽，症狀通常晚上嚴重，白天好轉，伴有咽喉疼痛。這種咳多為聲帶炎症，原因可能是急性喉炎。

① 應儘量讓寶寶少量多次喝水，保持空氣濕度。

② 讓寶寶保持安靜和呼吸道通暢。

③ 急性喉炎在前 2~3 天晚上會特別嚴重，嚴重時會有生命危險。當發展為犬吠樣劇烈咳嗽時，應儘快就診。

咳喘

咳嗽多為刺激性乾咳，少痰，伴氣喘、呼吸困難，咳嗽氣喘大多夜間或清晨發作，或運動後和哭鬧時加劇，伴有咽喉發癢。常因感冒、運動、冷空氣吸入而誘發並加重，也可因接觸花粉、塵埃、某種食物而發作。病因可能是支氣管哮喘、毛細支氣管炎等。

① 注意飲食清淡、易於消化，不宜過飽、過甜、過鹹和油膩。

② 保持空氣新鮮、流通；室內要儘量減少可能導致過敏的物質。

咳嗽 5 個常見原因

1 風寒咳嗽

風寒咳嗽往往是因為身體受寒引起的。最典型的症狀是：舌苔發白，出現怕冷、畏寒、怕風等感冒的症狀，流清涕或是鼻腔乾燥，沒有鼻涕。咳嗽無痰或是吐白色泡沫痰。

2 風熱咳嗽

風熱咳嗽主要是受熱邪或內熱重引起的，主要症狀是舌尖、口唇很紅，伴有口臭、眼垢多、流黃膿鼻涕、吐黃膿痰。

3 支氣管炎咳嗽

支氣管炎是細菌或病毒入侵支氣管引起的咳嗽，支氣管炎導致的咳嗽往往特別厲害，使寶寶非常難受。

4 積食性咳嗽

積食性咳嗽是因為積食引起的，有時候寶寶吃了太多朱古力、糖或是肉、魚蝦等高蛋白食物，就會出現積食、咳嗽、發燒、嘔吐及厭食等症狀。積食性咳嗽最典型的症狀是白天不咳，睡覺一平躺就咳個不停。

如果寶寶睡熟後，半夜突然咳，媽媽要警惕是不是寶寶積食了。回憶一下寶寶最近的飲食，同時觀察寶寶舌頭上的脾胃反射區，有沒有舌苔白厚、黃膩等症狀。如果有，甚至還有口臭，就很可能是積食了。

5 過敏性咳嗽（咳嗽性哮喘）

小兒過敏性咳嗽又稱咳嗽性哮喘，是孩子常見的呼吸道疾病，換季時節是過敏性咳嗽的高發季節。小兒過敏性咳嗽以持續性或反復性咳嗽為主要症狀，多在接觸過敏原或刺激性氣味後咳嗽，夜間明顯，家長們總認為這是孩子體質差而引起的反復感冒，於是使用一些抗生素，卻往往適得其反。

防止發生這類咳嗽，應及時脫離引起呼吸道刺激的環境，避免接觸過敏原，去除各種誘發因素，如着涼、花粉、塵蟎、煙味、油漆、冰冷飲料等。

媽媽該怎麼照顧咳嗽的寶寶？

對綠色療法堅定信心

一旦確診寶寶患的是常見疾病，父母就需要放下焦慮，堅定信心，選擇一些更健康、更安全、對身體傷害更小的綠色療法給寶寶治病。

常見的綠色療法有食療方、推拿方、敷貼等。

細心觀察寶寶的身心狀態

寶寶生病了，媽媽總希望寶寶快點好起來。但任何疾病都有一個恢復期，所以寶寶生病時，家長需要先冷靜。

認真觀察寶寶的精神狀態，仔細回想寶寶近期的飲食情況，尤其要回想有沒有甚麼特別的狀況。這樣更容易瞭解寶寶的情況是否緊急，也更能做到心裏有數。即使去醫院，也能更詳細地把寶寶的狀況描述給醫生。

耐心進行，急於求成不可取

那麼咳嗽多長時間，孩子才能恢復呢？

呼吸道黏膜表面有個非常重要的結構，叫黏液纖毛清除系統，它們可將病原微生物等異物排出體外，從而發揮有效的保護作用。

有國外學者研究，一次感冒會導致氣道表面的纖毛損傷，至少需要 32 天才能再生至正常水平。所以，一次感冒，咳嗽可能會持續 1 個月。所以，孩子恢復有個過程，只要咳嗽不嚴重，不能急躁，更不要見咳嗽就用抗生素。

症狀拿不準，早點去醫院

如果自己拿不準症狀，一定要先去醫院，檢查確診。千萬不要諱疾忌醫。早點去醫院，早放心。

一旦確診，無論疾病輕重緩急，媽媽都需要有耐心、有信心。很多媽媽一定也有類似的經驗，寶寶生病時，去醫院吃藥、輸液，病情是控制住了，寶寶身體卻越來越差，到最後平均一個月要去一次醫院。如果問醫生為甚麼會這樣，醫生大多會告訴你是先天體質不佳。

中醫辨證施治

一般咳嗽初期宜辛散宣肺，中期宜化痰清肺，後期宜補氣養陰。感染性咳嗽中醫多按溫病論治，變態反應性咳嗽（過敏性咳嗽）多按內傷論治。上呼吸道病變的咳嗽注重宣肺利咽，下呼吸道病變的咳嗽注重袪痰順氣，並注重肺與大腸相表裏的通達關係，通腑可以瀉肺。

西醫對因治療

細菌感染引起的咳嗽可選用敏感的抗生素；支原體感染者應選紅黴素族藥物治療。

對症處理

痰多黏稠不易咳出時，應喝足夠的水以稀釋痰液，並可用霧化吸入療法以助排痰。

TIPS

分清病因病位

診療小兒咳嗽首先要明確導致咳嗽的原因，常見原因主要有呼吸道疾病（咽、喉、氣管、支氣管、肺部的炎症，異物、刺激性氣體吸入等）、胸膜疾病、心血管疾病（如心肌炎、心律失常）及中樞性因素等。

咳嗽的病因不止於肺，而咳嗽的病位不離於肺，俗話說「肺氣如鐘撞則鳴」，咳嗽是外邪或臟腑功能失調導致肺功能失常而引起的主要症狀。

咳嗽要分清是感染性還是變態反應性，是急性還是慢性，是上呼吸道還是下呼吸道。

治咳嗽有順序，先排痰再止咳

寶寶年紀小，還不會正確咳痰，痰液容易積聚在體內。寶寶一旦患了呼吸道疾病，常常會伴有頻繁咳嗽，再加上寶寶的氣管、支氣管比較狹小，因炎症而產生的痰液較難排出。有些家長聽到寶寶咳嗽，就特別緊張，急着給予止咳藥，其實應該先給孩子祛痰。

1 拍拍背

在寶寶的前胸和後背（左右肺部的位置）由下而上有次序地拍打，尤其是在寶寶的背部和胸部的下方痰液更易積聚的地方。

嬰兒劇烈咳嗽時，最好將其抱起，使他的上身呈 45 度角，同時用手輕拍寶寶的背部，使黏附在氣管上的分泌物易於咳出。

2 多喝水

在咳嗽期間，如果體內缺水，痰液也會變得黏稠而不易咳出，若能多飲水，則可使黏稠的分泌物得到稀釋，容易咳出。

3 少吃甜食和冷飲

注意少吃甜食和冷飲，因為甜食和冷飲從中醫上來說，比較容易生痰。

專家解答

寶寶咳嗽應用甚麼藥？

在寶寶咳嗽時，首先應該把着眼點放在排痰上，先設法幫孩子排痰，在藥物的選擇上，應首選具有祛痰功效的藥物，以使黏附在支氣管黏膜的痰液得到稀釋，並借助咳嗽的動作，從而達到減輕咳嗽的效果。

使用加濕器保持空氣濕度

保持空氣溫度、濕度和潔淨度十分重要。恰當的室內濕度，利於痰液稀釋而咳出，空氣太乾燥，痰液滯留在氣管壁上不易排出。

空氣濕度

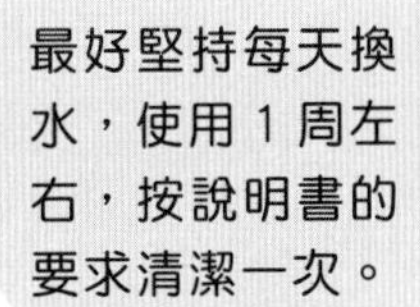

最好堅持每天換水，使用 1 周左右，按說明書的要求清潔一次。

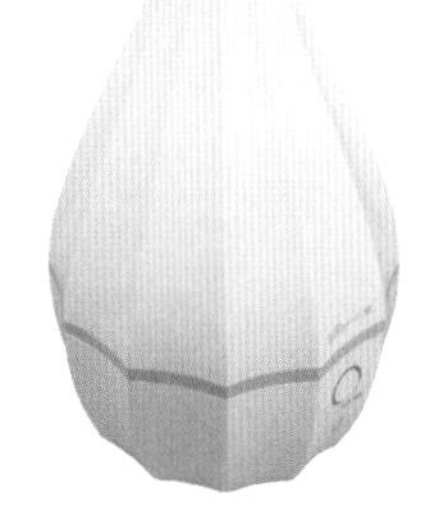

1 用加濕器使室內濕度保持在 40%~50%，太濕也不行，容易滋生細菌黴菌。

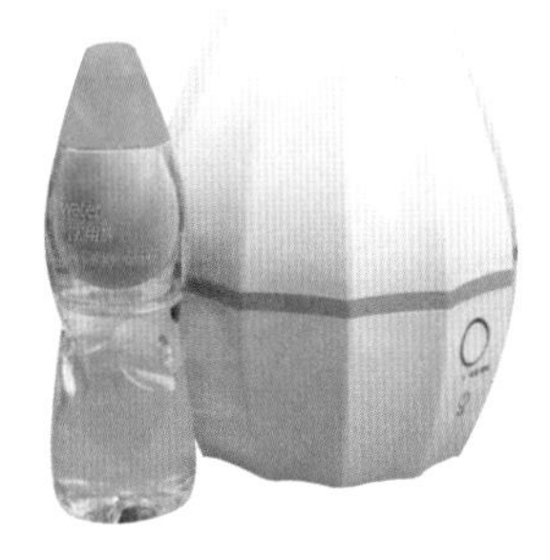

2 選擇吸入水蒸氣的方式降低氣道的過度反應，但不能使用自來水或礦泉水，要使用蒸餾水或生理鹽水。

生病期間飲食以清淡為主

寶寶生病期間的飲食要以清淡為主，同時要保證富含營養且易消化、吸收。若寶寶食慾不佳，可做一些味道清淡的菜粥、片湯、麵湯。既可以促進寶寶進食，又能夠補充體力，加快恢復。

要祛痰，水果要挑着吃

不是所有水果都適合咳嗽的寶寶吃，例如枇杷、雪梨等，這些具有清熱化痰、健脾養肺功效的水果，可以讓寶寶多吃。但蘋果、桔、葡萄等酸甜口感的水果不宜多吃，因為酸能斂痰，使痰不易咳出。

多喝白開水稀釋痰液

要喝足夠的水，來滿足患兒生理代謝需要。因為充足的水分可幫助稀釋痰液，使痰易於咳出，最好是白開水，絕不能用各種飲料來代替白開水。

未添加輔食的寶寶

一般來說，只要寶寶的吃奶狀況正常，就不需要再額外補充水分，除非天氣非常炎熱、室內沒有冷氣的情況下，才可以補充少量白開水。

添加輔食的寶寶

6 個月之後的嬰兒，多半已經開始接觸奶水之外的其他輔食，水分攝取的來源更加豐富。因此，可以在寶寶進食後或兩餐之間補充少量白開水。

不同年齡段寶寶平均水分攝取量

年齡	平均體重（公斤）	每日總水量（毫升）
3 天	3.0	250~300
10 天	3.2	400~500
3 個月	5.4	750~850
6 個月	7.3	950~1100
9 個月	8.6	1100~1250
1 歲	9.5	1150~1300
2 歲	11.8	1350~1500

註：以每日攝入所有含水分的食品（如白開水、純母乳、配方奶等）共計每日總水量。

正確的喝水時機

嬰幼兒喝水應以不影響正餐為原則，可以通過觀察寶寶每天的排尿狀況來判斷是否缺水。

一般來說，1 歲以下寶寶每天應該換 6~8 次紙尿褲，年齡較大的寶寶每天應該排尿 4~5 次。當寶寶出現以下 5 種狀況時，就需要及時補水。

狀況 1：尿味很重。

狀況 2：尿的顏色很黃。

狀況 3：便秘。

狀況 4：嘴唇乾裂。

狀況 5：哭泣時沒有眼淚。

喝水 3 多原則

1. 多嘗試

每個寶寶的喜好與個性都不同，無論用湯匙餵、用吸管喝水，還是用普通的杯子，建議讓寶寶多嘗試，找出寶寶喜歡的喝水方式。

2. 多練習

不妨為寶寶選購個人專屬的可愛水杯，讓寶寶因為喜歡水杯進而喜歡上喝水，用循循善誘的方式多加練習。

3. 多鼓勵

與其禁止寶寶喝飲料，不妨用讚美代替責備，鼓勵並稱贊寶寶多喝水的行為。

預防寶寶咳嗽，為媽媽分憂

給寶寶穿衣做「加減法」

及時增減衣被，小孩子體質熱，所以很多寶寶咳嗽不是受寒咳嗽，而是因為穿太多引起肺熱咳嗽。在有暖氣的房間裏，孩子的衣物一定要注意，寶寶的衣服與爸爸媽媽的衣服一樣，甚至可以讓寶寶的衣服比成人少一件。

飲食牢記「一多一少」

多食用新鮮蔬果

可補充足夠的礦物質及維他命，對感冒咳嗽的恢復很有益處。多食含有胡蘿蔔素的蔬果，如奇異果、番茄、紅蘿蔔等，一些富含維他命 A 或胡蘿蔔素的食物，對呼吸道黏膜的恢復是非常有幫助的。

少食鹹或甜的食物

吃鹹易誘發咳嗽或使咳嗽加重，吃甜助熱生痰，所以應儘量少吃。禁食刺激性食物如辛辣、油炸、冷食、冷飲及致敏性的海產品；炒花生、炒瓜子之類的零食也應忌食。

咳嗽期間，務必嚴格控制飲食，拒絕魚蝦、海鮮、羊肉等各種發物。

寒涼食物碰不得

咳嗽時不宜讓寶寶吃寒涼食物，尤其是冷飲或雪糕等。中醫認為身體一旦受寒，就會傷及肺臟，如果是因肺部疾患引起的咳嗽，此時再吃冷飲，就容易造成肺氣閉塞，症狀加重，日久不癒。

另外，寶寶咳嗽時多會伴有痰，痰的多少跟脾有關，而脾主管飲食消化及吸收，一旦過多進食寒涼冷飲，就會傷及脾胃，造成脾的功能下降，聚濕生痰。

補充維他命 C，緩解咳嗽

維他命 C 是體內的清道夫，能清除包括病毒在內的各種毒素，縮短感冒時間。維他命 C 可以減少咳嗽、打噴嚏及其他症狀。

補充維他命 C 最簡便的方法就是喝果汁，柳橙汁、葡萄柚汁等都是維他命 C 的好來源。但注意，痰多的時候不宜進食酸味果汁。

維他命 C 最佳攝入量

0~6 個月：40 毫克 / 日

7~12 個月：40 毫克 / 日

1~3 歲：40 毫克 / 日

4~6 個月
每 100 克薯仔含
維他命 C 27 毫克

7~9 個月
每 100 克奇異果含
維他命 C 62 毫克

10~12 個
月新鮮水果如桔、
柚子、橙、鮮棗等
切成小片

1~3 歲
如車厘子、番茄、
橙、奇異果及椰菜
等富含維他命 C

如何給寶寶補充維他命 C

多吃新鮮水果

柑橘類水果如橙、桔子、柚子及鮮棗、奇異果、草莓等含有豐富的維他命 C。

多吃新鮮蔬菜

椰菜、椰菜花、薺菜、芥蘭、大白菜、白蘿蔔、蓮藕、苦瓜、番茄、甜椒等都是維他命 C 的良好來源。

在醫生指導下服用維他命 C 製劑

維他命 C 並沒有直接抗流感病毒的作用，但可以提高機體抵抗力。對於經常患病的孩子，可在醫生指導下適當補充維他命 C 製劑，但不建議長期使用，臨床建議以 3 個月為宜。

寶寶補充維他命 C 美食推薦

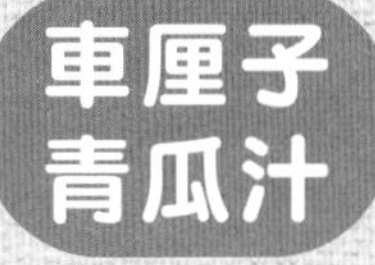

車厘子青瓜汁

適合年齡

1 歲以上

材料

青瓜 30 克，車厘子 15 克

調味料

冰糖少量

做法

1 車厘子洗淨，去核；青瓜洗淨，去皮，切小段。

2 將備好的青瓜、車厘子和冰糖放入榨汁機，加少許水榨汁。

3 倒入杯中即可飲用。

功效

防治貧血、增強抵抗力。

水果豆腐

適合年齡

2 歲以上

材料

嫩豆腐 30 克，橙肉 20 克，草莓、番茄各 15 克。

做法

1 豆腐煮熟，撈出，切小塊；草莓洗淨，去蒂，切丁；橙肉切小丁；番茄洗淨，去皮，切丁。

2 將豆腐塊、草莓丁、橙肉丁、番茄丁倒入碗中，拌勻即可。

功效

補充維他命 C、提高免疫力。

兒科醫生常用的綠色療法

風寒咳嗽食療方

杏仁絲瓜飲

適合年齡
1 歲以上

材料

桔子皮（乾、鮮均可）10~15 克，甜杏仁 10 克，老絲瓜（乾）10 克

做法

所有材料用水煮 15 分鐘後飲汁，可加入少許砂糖。冬季熱飲，春秋溫飲，夏季涼飲。

功效

桔子皮、杏仁為祛痰佳品；絲瓜具有通絡、行血、化痰之功。此三味既為食品又可入藥，對喉中痰多而又不易咳出者有預防和輔助治療的作用。

蒸蒜頭水

適合年齡
6 個月以上

材料

蒜頭 2~3 瓣

做法

取蒜頭 2~3 瓣，拍碎，放入碗中，加入半碗水，加蓋放入蒸鍋，大火燒開後改用小火蒸 15 分鐘即可。

服法

當碗裏的蒜水溫熱時餵給孩子喝，蒜頭可以不吃。一般一天 2~3 次，一次小半碗。

功效

蒜頭性溫，入脾胃、肺經，治療寒性咳嗽、腎虛咳嗽效果非常好。

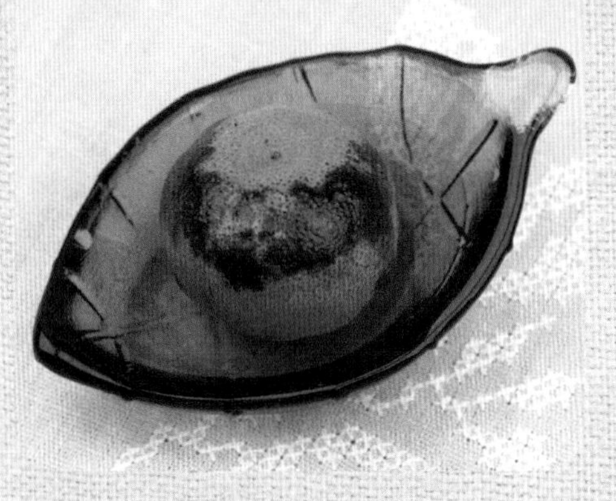

香芹洋葱蛋黃湯

適合年齡

1 歲半以上

材料

雞蛋 2 個，香芹 10 克，洋葱 40 克

調味料

雞湯、生粉各適量

做法

1 香芹洗淨，切小段；洋葱洗淨，切碎；雞蛋取出蛋黃，將其打散。

2 鍋中加水，將雞湯、香芹段和洋葱碎煮開。

3 將蛋黃液慢慢倒入湯中，輕輕攪拌。

4 生粉加水攪開，倒入鍋中燒開，至湯汁變稠即可。

功效

發散風寒。

烤桔子

適合年齡

1 歲以上

材料

桔子 1 個

做法

將桔子直接放在小火上烤，並不斷翻動，烤到桔皮發黑，並從桔子裏冒出熱氣即可。

服法

最好配合蒸蒜頭水一起吃，一天 2~3 次。

功效

桔子有化痰止咳的作用。吃了烤桔子後，痰液的量會明顯減少，鎮咳作用也非常明顯。

TIPS

寒咳試試熱水袋敷背

找一個大熱水袋，裝入 60~70℃的熱水，熱水袋上包裹毛巾，以不燙孩子皮膚為宜。放入被窩，讓孩子躺在熱水袋上，以背部整體都在熱水袋上為最佳，蓋好被子。
這樣肺部一暖，寒氣就會宣發出來，出點汗，就會覺得咳嗽減輕了，此法不痛不癢很舒服，免去給孩子灌藥扎針的麻煩，很適合孩子用。

風熱咳嗽食療方

梨絲拌蘿蔔

適合年齡

1 歲以上

材料

白蘿蔔 50 克，雪梨 35 克

調味料

鹽、砂糖各少許

做法

1 白蘿蔔洗淨，去皮，切成絲，用沸水灼 2 分鐘撈起；雪梨洗淨，去皮、去核，切絲。

2 白蘿蔔絲、雪梨絲加少許砂糖、鹽拌匀即可。

功效

白蘿蔔下氣、化痰止咳；雪梨潤肺、生津止咳。

百合雪耳粥

適合年齡

10 個月以上

材料

百合、雪耳各 10 克，大米 40 克

做法

1 百合、雪耳放入水中泡發好。

2 大米淘洗乾淨，加水煮粥。

3 將發好的雪耳撕成小塊，和百合一起沖洗乾淨，放入粥中繼續煮，待雪耳和百合煮軟即可。

功效

雪耳滋潤；百合潤肺，搭配做成粥給寶寶食用，能預防風熱引起的咳嗽。

煮蘿蔔水

適合年齡
4 個月以上

材料

白蘿蔔 80 克

做法

白蘿蔔洗淨，切薄片，放入小鍋內，加大半碗水，燒開後，再改用小火煮 5 分鐘即可。

功效

此方治療風熱咳嗽、鼻乾咽燥、乾咳少痰的效果很不錯。對 2 歲以下的寶寶效果更好。

TIPS

風熱感冒用秋梨膏

秋梨膏對於治療肺熱煩渴、咳嗽、便秘等效果特別好。還可以給寶寶吃柿子、西瓜、馬蹄、枇杷等涼性食物。辛辣、容易上火的食物如羊肉、海魚、蝦、桂圓、荔枝、核桃仁、辣椒等，禁止食用。

馬蹄綠豆粥

適合年齡
2 歲以上

材料

馬蹄 30 克，綠豆 40 克，大米 20 克

材料

冰糖、檸檬汁各少許

做法

1. 馬蹄洗淨，去皮、切碎；綠豆洗淨，浸泡 4 小時後蒸熟；大米洗淨，浸泡 30 分鐘。
2. 鍋置火上，倒入馬蹄碎、冰糖、檸檬汁和清水，煮成湯水；另取鍋置火上，倒入適量清水燒開，加大米煮熟，加入蒸熟的綠豆稍煮，倒入馬蹄湯水攪勻即可。

功效

清熱潤肺。

適合年齡

1 歲以上

百合枇杷藕羹

材料

百合、枇杷、鮮蓮藕各 30 克

調味料

生粉適量，砂糖少許

做法

1. 百合洗淨略泡；枇杷去皮、去核，洗淨；鮮蓮藕洗淨，去皮，切薄片。
2. 三者合煮將熟時放入適量生粉調勻成羹，食用時加少許砂糖。

功效

百合為滋補肺陰之佳品；枇杷清肺止咳；鮮蓮藕涼血清氣，對乾咳無痰者有預防和輔助治療的作用。

適合年齡
9 個月以上

南瓜紅蘿蔔粥

材料

大米 30 克，南瓜、紅蘿蔔各 20 克

做法

1 大米洗淨，浸泡 30 分鐘；南瓜去皮和籽，洗淨，切成小丁；紅蘿蔔去皮，洗淨，切成小丁。

2 大米、南瓜丁和紅蘿蔔丁倒入鍋中，加適量水，大火煮開，轉小火煮熟即可。

功效

南瓜潤肺益氣、化痰排膿，緩解咳嗽哮喘。紅蘿蔔健脾潤肺。南瓜和紅蘿蔔含有豐富的胡蘿蔔素及礦物質等，對保護寶寶視力也起到重要作用。

TIPS

推後背止咳

雙手拇指着力，沿孩子後背兩肩胛骨內側緣呈八字形向兩邊分推，然後單掌橫放於後背，五指略分，順着肋間隙橫擦數次，或輕揉肺腧穴。

陰虛久咳食療方

蜂蜜蒸雪梨

適合年齡

1 歲以上

材料

鴨咀梨 1 個，蜂蜜、杞子各 5 克

做法

1 鴨梨用清水洗乾淨，用刀削掉頂部，再用小匙掏出子果核。

2 將梨肉挖出少許，放入清水、杞子、蜂蜜。

3 雪梨放小碗內，蒸20分鐘即可。

功效

蜂蜜蒸雪梨滋陰潤肺、止咳化痰、護咽利嗓。

五汁飲

適合年齡

1 歲以上

材料

白蘿蔔、雪梨、鮮蓮藕、馬蹄、甘蔗各 30 克

做法

所有食材洗淨，去皮，切成小塊，用榨汁機榨汁，混勻食用。

服法

每次 30 毫升，每日飲 2~3 次。

功效

潤肺養陰、祛燥止咳，適宜於陰虛久咳、咽喉乾癢、唇鼻乾燥、痰黏難咳甚至痰中帶血者。

白蘿蔔山藥粥

適合年齡

1 歲以上

材料

白蘿蔔 50 克，山藥（淮山）20 克，大米 40 克

調味料

芫茜碎 4 克，鹽 2 克，麻油 1 克

做法

1. 白蘿蔔去葉、去皮，洗淨，切小丁；山藥去皮，洗淨，切小丁；大米淘洗乾淨。
2. 鍋置火上，加適量清水燒開，放入大米，用小火煮至八成熟，加白蘿蔔丁和山藥丁煮熟，加鹽調味，撒上芫茜碎，淋上麻油即可。

功效

白蘿蔔止咳化痰；山藥健脾補肺，兩者搭配食用，利於化痰止咳。

木耳蒸鴨蛋

適合年齡

1 歲以上

材料

乾木耳 10 克，鴨蛋 1 個

材料

冰糖 2 克

做法

1. 木耳泡發，洗淨，切碎。
2. 鴨蛋打散，加入木耳碎、冰糖，添少許水，攪拌均勻後，隔水蒸熟。

功效

木耳和鴨蛋均有滋陰潤肺的功效，搭配食用，對緩解寶寶陰虛久咳很有好處。

TIPS

山藥水滋陰

用乾淮山 10 克加適量水，煮半小時左右即可。喝山藥水時，媽媽要特別注意，這裏用的山藥不是街市買的新鮮山藥，而是藥店賣的乾品，乾品補脾效果才好。

爸媽巧用推拿，寶寶不咳嗽

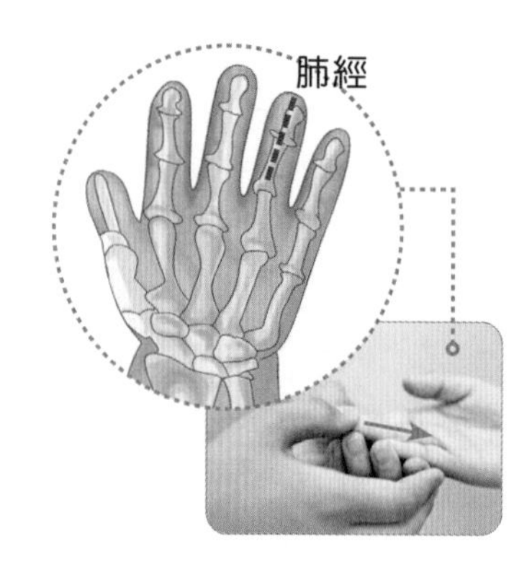

補肺經　補肺氣止咳

精準定位　無名指掌面指尖到指根成一直線。

推拿方法　用拇指指腹從孩子無名指尖向指根方向直推肺經 100 次。

取穴原理　補肺經可補益肺氣、化痰止咳。主治孩子感冒、發燒、咳嗽、氣喘等。

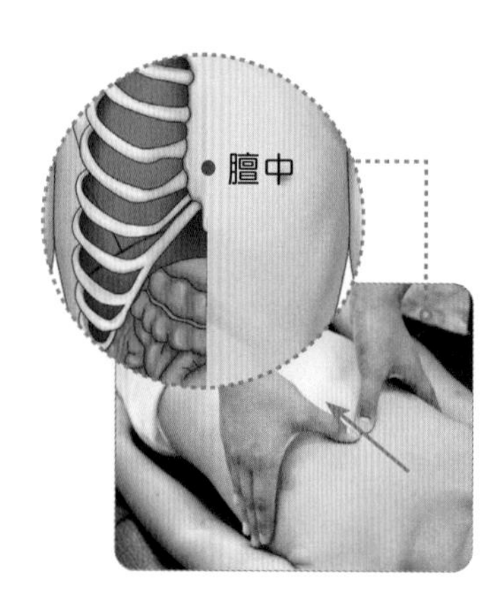

推膻中　理氣寬胸止嘔

精準定位　前正中線上，兩乳頭連線的中點處。

推拿方法　用拇指橈側緣或食中二指指腹自孩子天突（在頸部，當前正中線上，胸骨上窩中央）向下直推至膻中 100 次。

取穴原理　膻中穴有理氣寬胸、止咳化痰、止嘔的功效。推膻中能有效改善孩子咳嗽、氣喘、嘔吐、打嗝等問題。

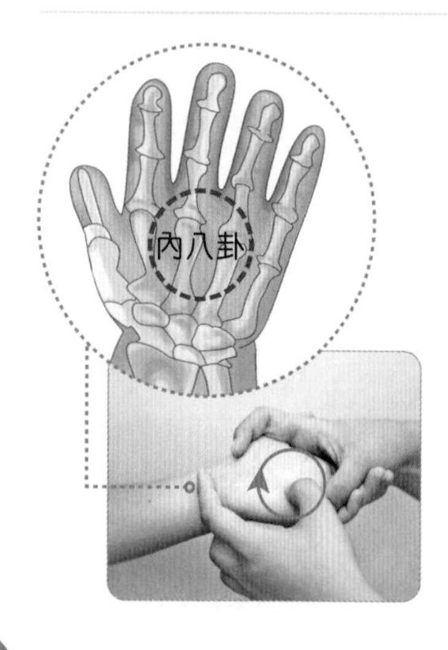

運內八卦　理氣止咳消食

精準定位　手掌面，以掌心（內勞宮穴）為圓心，以圓心至中指根橫紋內 2/3 和外 1/3 交界點為半徑畫一圓，內八卦即在此圓上。

推拿方法　用拇指指端順時針方向運孩子內八卦 100~200 次。

取穴原理　運內八卦能寬胸理氣、止咳化痰、消食化積。主治孩子咳嗽、痰多等。

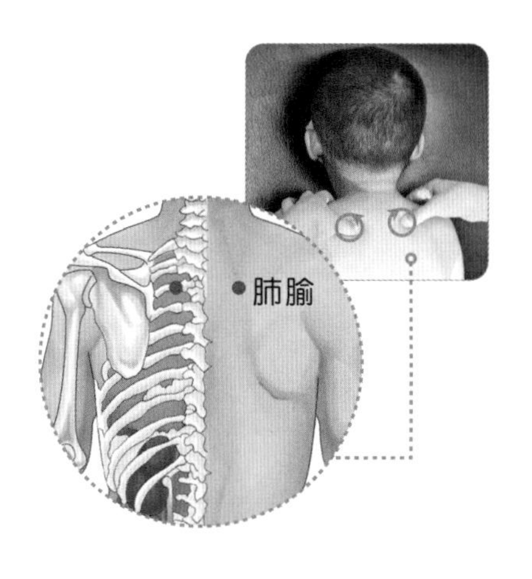

按揉肺腧　補肺益氣

精準定位　第三胸椎棘突下，旁開1.5寸，左右各一穴。

推拿方法　用拇指指腹按揉孩子肺腧穴100次。

取穴原理　按揉肺腧穴有補肺益氣、止咳化痰的作用。主治孩子咳嗽、氣喘、鼻塞等。

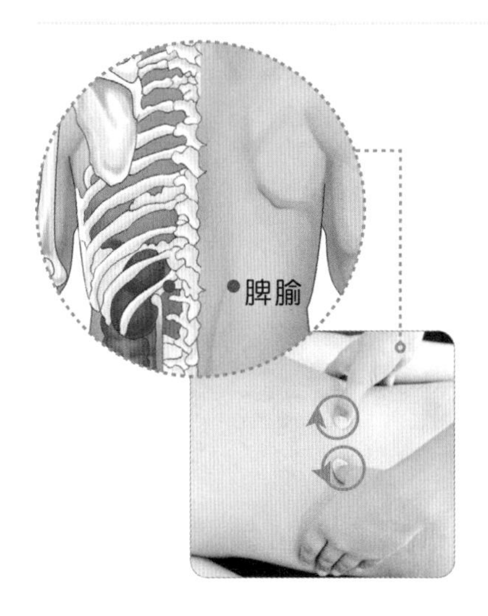

按揉脾腧　健脾消食助運

精準定位　第11胸椎棘突下，旁開1.5寸，左右各一穴。

推拿方法　用拇指指腹按揉孩子脾腧穴30次。

取穴原理　按揉脾腧可健脾和胃、消食助運。主治腹脹、腹痛、嘔吐，以及孩子積食引起的咳嗽。

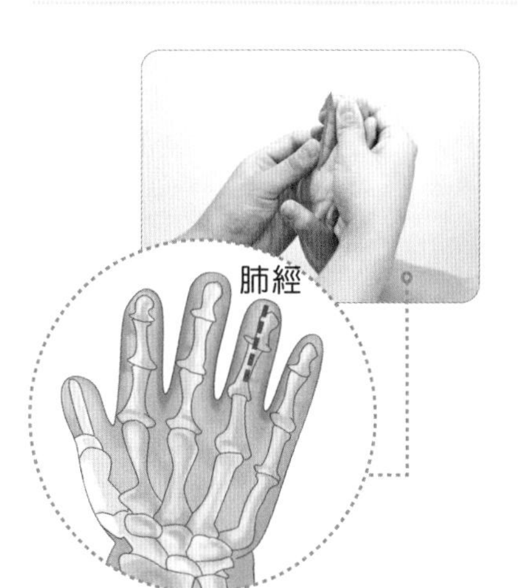

清肺經　宣肺清熱

精準定位　無名指掌面指尖到指根成一直線。

推拿方法　用拇指指腹從孩子無名指根部向指尖方向直推肺經50~100次。

取穴原理　清肺經可宣肺清熱、疏風解表、化痰止咳。主治孩子因風熱引起的感冒、發燒、咳嗽等。

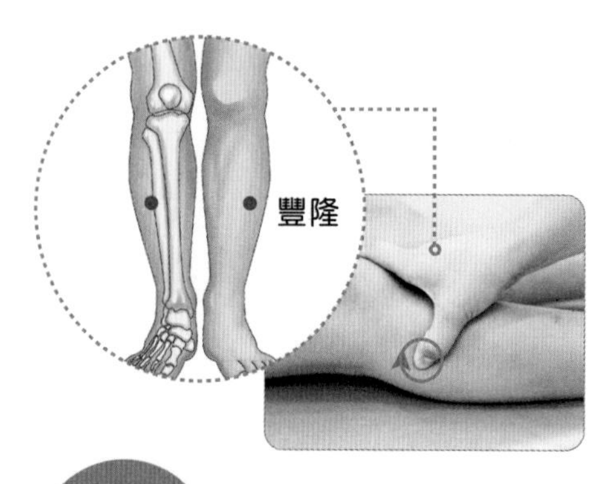

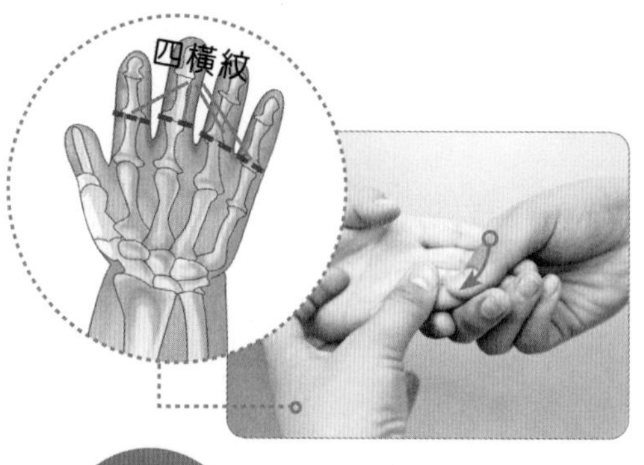

按揉豐隆　化痰除濕

精準定位　外踝上 8 寸，脛骨前脊外 1 寸，左右各一穴。

推拿方法　用拇指指腹按揉孩子豐隆穴 50 次。

取穴原理　按揉豐隆穴有和胃消脹、化痰除濕的作用。主治孩子咳嗽、痰多、氣喘、腹脹等。

掐揉四橫紋　止咳化痰

精準定位　掌食指、中指、無名指、小指近端關節橫紋處。

推拿方法　用拇指指甲掐揉孩子四橫紋 5 次。

取穴原理　掐揉四橫紋有化積消疳、退熱除煩、止咳化痰的功效，對因痰濕困擾引起的孩子咳嗽、痰多有調理作用。

如果是熱咳，要加上清肝經（用拇指指腹從食指根向指尖方向直推肝經）300 次，清肺經 300 次。

如果是寒咳，就要擦背 5~10 分鐘，把寒氣排出來。用按摩油做介質，用掌根或者大小魚際在寶寶的脊背做快速來回工字形往返摩擦，擦熱脊柱，以熱透為度；再橫擦大椎及肩胛骨內側的肺腧穴和肚臍正對面背部位置的腎腧，都是熱透為度。

如果是積食性咳嗽，配合掐揉四橫紋 10~20 遍，清胃經、清肺經各 300 次，捏脊 10~20 次（見本書第 29 頁），按揉足三里穴 1 分鐘（見本書第 116 頁）。

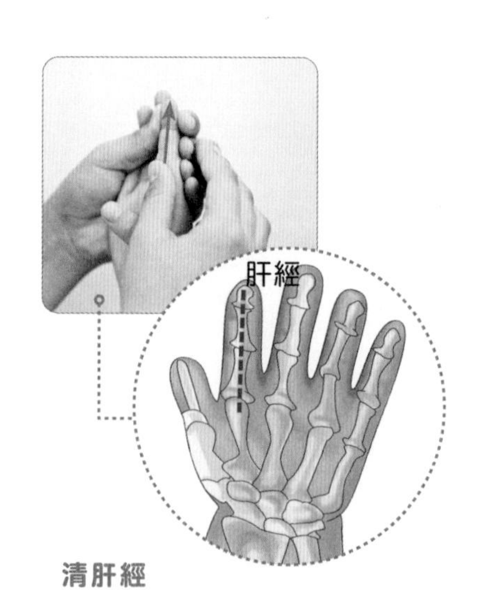

清肝經

止咳藥，用對才有效

教你對症選用止咳藥

在止咳祛痰藥物中，西藥與中藥各有所長。西藥主要是直接對症，見效快（糖漿劑療效更佳），但多需要聯合其他藥物綜合治療。中成藥雖見效不如西藥迅速，治療周期也比較長，卻能從病源下手，根除疾病。

川貝枇杷糖漿

藥物組成：由川貝母流浸膏、桔梗、枇杷葉、薄荷腦組成。

適用病症：適用於風熱犯肺、痰熱內阻所致的咳嗽痰黃或咳痰不爽，咽喉腫痛，胸悶脹痛。

川貝枇杷膏

藥物組成：由川貝母、桔梗、杏仁、枇杷葉等中藥組成。

適用病症：適用於傷風感冒、支氣管炎、肺炎以及肋膜炎引起的咳嗽。

適當使用糖漿劑

治療小兒咳嗽應選用兼有祛痰、化痰作用的止咳藥物，其中又以糖漿劑為最優。

糖漿劑的優點

1 糖漿劑服用方便、口味甘甜、藥物吸收好，對胃腸刺激小，尤其適用於兒童、老人以及吞咽困難者。

2 糖漿劑服用後易附着在咽喉部位的黏膜上。由於糖漿劑一般都比較黏稠，因此停留在咽喉部位的時間也較長，削弱致病因子對黏膜的刺激作用，從而快速緩解咳嗽症狀，液體製劑則易於流失。

服用糖漿劑，儘量少飲水

一般來說，服用止咳糖漿，應儘量少飲水。如果大量喝水，會沖掉黏附在咽喉、氣管部位的止咳藥物保護層，大大降低止咳效果。

此外，糖漿類止咳藥物最高含糖量達 85%，小兒糖尿病患者應權衡利弊，謹慎使用，最好不用。

專家解答

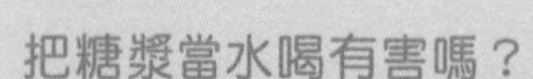
把糖漿當水喝有害嗎？

有些寶寶不把糖漿當藥而當水喝，咳嗽厲害了，就喝上一口。其實這麼做是非常錯誤的，一方面容易將細菌黏在瓶口而使糖漿污染變質；另一方面不能準確控制口服的藥量，要麼達不到藥效，要麼服用過量增大不良反應。止咳糖漿若服用過多，會出現頭暈等不適感。尤其是用於治療乾咳的可待因複合糖漿，長期服用會造成上癮。因此，服用止咳糖漿不宜過多，應遵照醫囑按規定的劑量服用。

當心觸碰用藥謬誤

一咳嗽就要吃藥

小孩的支氣管黏膜較嬌嫩，抵抗力弱，容易發生呼吸道炎症。有的家長特別緊張，一聽到孩子咳嗽，就急着看病找藥。

實際上，咳嗽有清潔呼吸道，使其保持通暢的作用。通過咳嗽，可將呼吸道內的病菌和痰液排出體外，減少呼吸道內病菌數量，減輕炎症細胞浸潤。如果咳嗽不是由細菌感染引起的，毋須吃藥。

上次吃的藥這次接着服用

有的家長以為孩子咳嗽了，吃點止咳糖漿，再加上上次孩子生病醫生開的止咳藥，就行了。有時吃了效果不好，再換種止咳藥試試。這些做法都是非常錯誤的。

咳嗽分為熱咳、寒咳、內傷咳嗽等，止咳藥也有寒、熱、涼之分，不對症下藥，無法達到止咳效果。如川貝枇杷糖漿偏寒，不適合風寒咳嗽者服用。寒咳者如果有哮喘病，一旦錯服寒性藥物，造成抵抗力更差，病情更重。

常吃潤喉片有益無害

有的潤喉片裏加了帶有麻醉作用的物質，如果多吃的話，會形成習慣性依賴，不利於治療疾病。因此，在咳嗽初期，應避免吃含有藥性的潤喉片。

利用藥物治療

發現孩子咳嗽，給孩子餵些蒸過的梨潤潤肺效果很好。對於經久不癒的咳嗽，也不要長期使用抗生素，更沒有必要長期使用抗病毒藥物。這時的治療應該把重點放在對呼吸道黏膜的保護、修復、功能的恢復上，如服用維他命A、D，有利於呼吸道黏膜的修復；多喝水，室內空氣濕度適宜，改善纖毛運動功能，痰液變稀薄，利於排出；空氣新鮮，減少室內灰塵，減少理化因素刺激，幫助呼吸道功能的恢復。

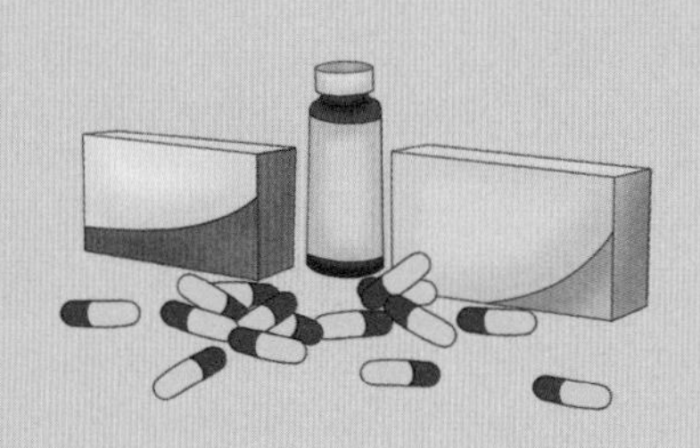

咳嗽當然要吃止咳藥

由於嬰幼兒身體發育尚未成熟，不能像成人那樣將痰液咳出來，致使氣管和肺內積聚較多的痰液和病菌，導致炎症加重。如果家長看到孩子咳嗽，馬上就給予大量止咳藥的話，咳嗽雖然可能被止住，但痰液仍滯留在呼吸道內，進而使患兒感染加重，甚至患上肺炎，導致咳嗽遷延不癒。

使用抗生素才管用

有的家長看到孩子感冒，就急着使用抗生素。其實，抗生素主要是用來消滅細菌的，而多數感冒在初期的時候都是由於病毒感染引起的，盲目使用抗生素基本沒有甚麼效果，甚至會影響寶寶的健康。

第 4 章

感冒
好媽媽是寶寶的第一個醫生

辨別症狀，找出病因

細菌性感冒與病毒性感冒

根據引起感冒的病原體的不同，可將感冒分為病毒性感冒和細菌性感冒。

病毒性感冒

一般有普通感冒、流行性感冒等。

普通感冒是由鼻病毒、冠狀病毒及副流感病毒等引起。流行性感冒是因為流感病毒造成的急性呼吸道傳染病，病毒存在於患者的呼吸道中，在患者咳嗽、打噴嚏時經飛沫傳染。普通感冒較流行性感冒傳染性要弱得多。

細菌性感冒

常見有細菌性咽扁桃體炎等。

一般是由於金黃色葡萄球菌或者鏈球菌感染引起。如果檢查結果顯示白血球計數較高，可確定是細菌引起的感冒。

治療細菌性感冒，需要在醫生的指導下用藥，必要的時候需要用抗生素。

寶寶感冒後的表現

潛伏 大多為 2~3 日或稍久。

輕症 只有鼻部症狀，如流清涕、鼻塞、打噴嚏等，也可流淚、微咳或咽部不適。可在 3~4 天內自然痊癒。

如合併感染 會涉及鼻咽部，常有發燒、咽痛，扁桃體炎及咽後壁淋巴組織充血和增生，有時淋巴結可稍腫大。發燒可持續兩三天至 1 周，容易引起嘔吐及腹瀉。

重症 體溫可達 39~40℃，伴有冷感，頭痛、全身無力、食慾銳減、睡眠不安等。

炎症 炎症可波及鼻竇、中耳、氣管或咽部。要注意高燒驚厥和急性腹痛，並與其他疾病進行鑒別診斷。

症狀

起病較急；怕冷怕風，甚至寒戰，無汗；鼻塞，流清涕；咳嗽，痰稀色白；頭痛，周身酸痛，食慾減退；大小便正常，舌苔薄白

多發季節

多見於冬春季

中醫：風寒感冒
西醫：病毒性感冒

致病原因

外感風寒所致

致病原因

夏季潮濕炎熱，貪涼（如冷氣房間溫度低）或過食生冷，外感表邪而致

普通感冒（傷風）

致病原因

外感風熱所致

多發季節

多見於暑天

中醫：暑濕感冒

中醫：風熱感冒
西醫：細菌性感冒

多發季節

多見於夏秋季

症狀

高燒無汗；頭痛困倦；胸悶噁心；厭食不渴；嘔吐或大便溏瀉；鼻塞，流涕，咳嗽；舌質紅，舌苔白膩或黃膩

症狀

發燒重；怕冷怕風不明顯；鼻塞，流濁涕；咳嗽聲重，或有黃痰黏稠，咽喉紅、乾、痛癢；大便乾，小便黃；舌苔薄黃或黃厚，舌質紅

專家解答

嬰幼兒感冒應立即去醫院就診嗎？

從醫學上講，嬰兒指 1 歲以內的孩子，幼兒指 1~3 歲的孩子，當嬰幼兒出現感冒症狀時，應該適時去醫院就診，孩子年齡越小，越應該謹慎處理。尤其是嬰兒，因為年齡越小，孩子的病情變化越快，可能在一兩天之內，病情就急轉直下。

3 歲以上的孩子抵抗力相對有所增強，如果感冒早期僅表現為輕微的發燒、流鼻涕、咳嗽，症狀並不嚴重，而且孩子的精神狀態也很好，可以先在家觀察兩三天。其實，1~3 歲的幼兒患感冒初期，也可以採取先在家觀察的辦法。

寶寶感冒容易與哪些疾病混淆？

在季節轉換時，兒童身體抵抗力較差，經常會被感冒侵襲，但是家長需要注意，有一些常見病和感冒初期症狀相似，要注意區分，不要因為判斷失誤而延誤病情。

寶寶感冒初期，或是體溫不超過 38.5℃，或經物理降溫有效的，可以先不用去醫院，自己在家護理。注意，6 個月以內的寶寶出現感冒症狀，不論症狀輕重，不要自行服藥，最好去醫院。

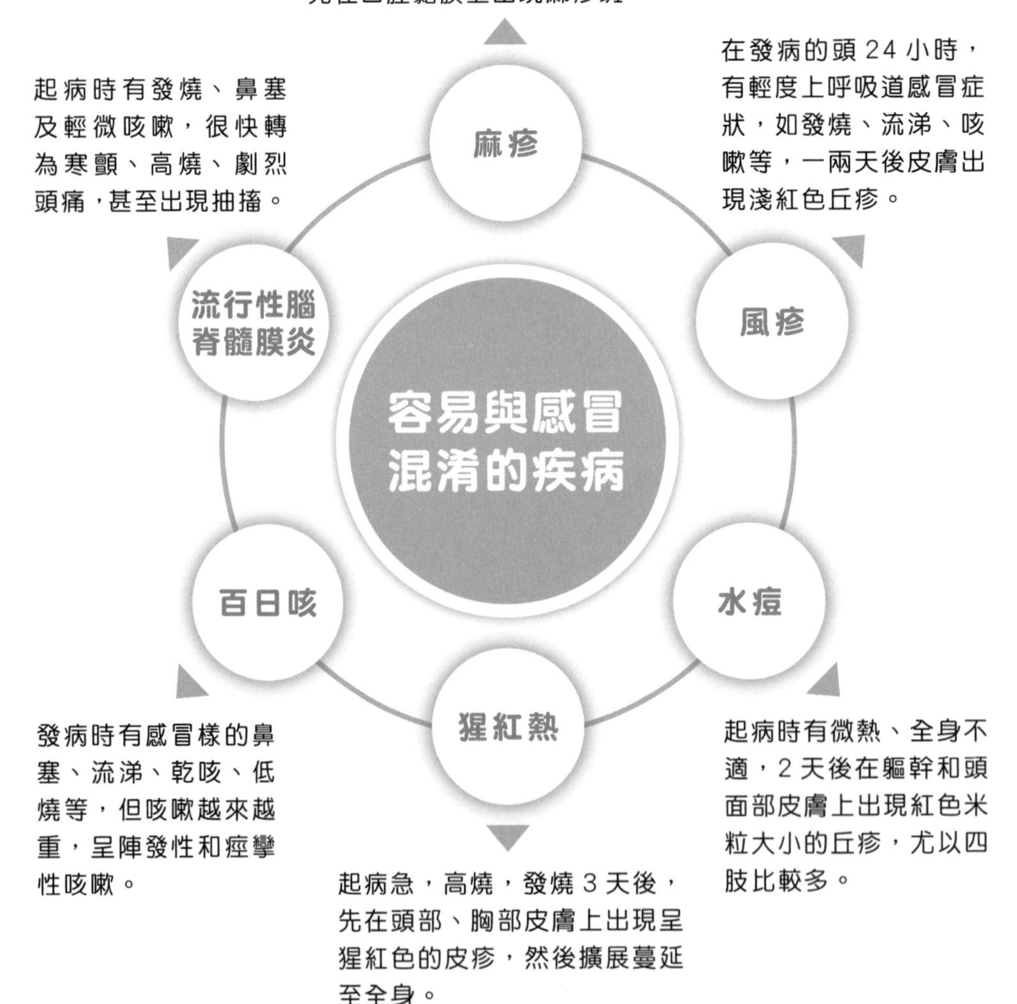

怎麼觀察寶寶的感冒症狀？

孩子感冒期間，家長應該仔細觀察孩子的症狀表現，以判斷病情的輕重。當孩子出現以下症狀時，家長應加強護理，以便能夠在適當的時候去醫院就診。

第一 觀察孩子的精神狀態

如果孩子的精神狀態很不好，總是愛睡覺、不想吃飯，那麼即使他感冒初期的症狀並不嚴重，也應該到醫院就診；相反，如果孩子的精神狀態很好，愛吃、愛玩，那說明病情不嚴重。

第二 觀察孩子鼻部症狀

如果孩子感冒後期，從流清鼻涕變成了流膿黏鼻涕，可能是繼發了細菌感染，家長應引起注意，否則一旦鼻炎加重或發展成鼻竇炎，病情就不好控制了；或者，如果孩子的鼻塞症狀特別嚴重，導致夜間無法入睡，也應該及時去醫院就診。

第三 觀察孩子的咳嗽情形

如果孩子僅出現輕微的咳嗽症狀，一天也咳不了幾聲，那麼可以先在家觀察。但如果孩子咳嗽很頻繁，夜裏睡覺都受到了影響，也要及時去醫院就診；或者，當孩子出現了咳痰現象，家長能夠聽到咳嗽的聲音很深，不是來自於嗓子的淺咳，這種情況也比較嚴重。

第四 觀察孩子的發燒狀況

如果孩子總是持續高燒，體溫維持在 39℃以上，說明感冒比較嚴重，應及時去醫院就診。

TIPS

感冒初期出現犬吠樣咳嗽需警惕

孩子出現犬吠樣咳嗽，其主要表現是，孩子聲音嚴重嘶啞，呼吸時有喉鳴，咳嗽時會發出類似於小狗在吠叫的聲音。這有可能是喉炎。所以，家長發現孩子出現這種症狀時，即使在感冒的第一天，也應該及時到醫院就診。

媽媽如何照顧感冒的寶寶？

讓寶寶好好休息

對於感冒，良好的休息是至關重要的，儘量讓寶寶多睡一會兒，適當減少戶外活動，別讓寶寶累着。

如果寶寶鼻子堵了或者痰多，可以在寶寶的褥子底下墊上毛巾，使頭部稍稍抬高，促進痰液排出，減少對肺部的壓力。

按摩小手有助睡眠

風寒感冒：重推三關（見本書第 190 頁）500 次；揉外勞宮（見本書第 129 頁）100 次；雙手提拿肩井穴（見本書第 117 頁）部位肌肉 5~7 次；用食中二指揉二扇門（位於中指與無名指之間蹼緣）50 次。

風熱感冒：清肺經 300 次（自無名指掌面末節指紋推向指尖）；清天河水 100 次（自前臂內側正中至腕橫紋推向肘橫紋）；按揉大椎穴（見本書第 189 頁）150 次。

幫寶寶擤鼻涕，保持呼吸道通暢

如果寶寶還太小，不會自己擤鼻涕，讓寶寶順暢呼吸的最好辦法就是幫寶寶擤鼻涕。

緩解鼻塞、流鼻涕

可以在寶寶的外鼻孔中抹點凡士林，能減輕鼻子的堵塞。

把生理鹽水滴到寶寶鼻孔裏，用來幫助寶寶保持鼻腔濕潤和清潔鼻腔，幫他們通氣。這裏說的生理鹽水指的是醫院輸液時使用的滅菌生理性氯化鈉，用滅菌的小滴管吸出來，滴一滴到寶寶的鼻孔，也可以把生理鹽水滴到滅菌棉棒上，然後小心地塞進寶寶的鼻孔，刺激他的鼻子，讓他打噴嚏，幫助排出堵塞物，鼻塞就可以得到緩解了。

緩解鼻涕黏稠

可以將醫用棉球拈成小棒狀，沾出鼻子裏的鼻涕。

打造抗感冒的居室環境

寶寶感冒，呼吸道會出現不適，所以護理寶寶時要特別注意保持居室的濕潤、清潔。

1

注意居室的清潔，把家中的一些死角打掃乾淨，電視機、電腦、茶几、床下、沙發縫裏、櫃子縫隙是容易積灰的地方。

2

寶寶的床單、被褥、毛巾等盡可能使用棉製品，而且要經常換洗。

3

寶寶的毛絨玩具也是導致咳嗽的一大隱患，所以家人也應注意寶寶玩具的清洗。

4

室內濕度適宜，對寶寶的呼吸道黏膜有一定的保護作用。如果室內太乾燥，可用放濕器加濕。尤其是夜晚能幫助寶寶更順暢地呼吸。

5

每天用白醋和水清潔放濕器，避免灰塵和病菌的聚集。

為寶寶做個蒸汽浴

很多人都是在感冒的時候去蒸汽浴室裏蒸蒸，把汗出透，感冒症狀就會好很多的，這種方法也同樣適用於寶寶。

泡熱水澡

如果寶寶願意泡澡，可以讓寶寶舒舒服服泡個熱水澡，時間以15~20分鐘為宜。

風熱感冒可在洗澡水裏加幾滴薄荷油；風寒感冒可加生薑油或艾草煮的水，有助於幫寶寶減緩鼻塞。

熱水淋浴

如果寶寶此時不能泡澡，可以用適當熱一點的水給寶寶沖洗身體。

沖洗至整個身體暖起來，適當出出汗即可。

蒸汽房坐一會兒

可以把浴缸或者淋浴的熱水打開，關緊浴室門，和寶寶一起在蒸汽浴室裏坐 15 分鐘。

為了避免寶寶不願意待在裏面，在此期間可以給寶寶講故事或是陪寶寶玩遊戲等。

TIPS

在蒸汽環境裏極易導致寶寶出汗過多，要不時給寶寶喝點水，補充水分。
從浴室出去之前要逐漸將暖風的溫度降低，將汗和水擦乾，立即為寶寶換上乾爽乾淨的衣服。

寶寶感冒，飲食「三不宜」

1 不宜多吃蛋白質

感冒發燒的寶寶，肉類、蛋類等蛋白質食物進食太多，會刺激人體產生過多的熱量，進而提升患兒本來就已升高的體溫，加重發燒症狀。另外，發燒還導致唾液的分泌、胃腸的活動減弱，其消化酶、胃酸、膽汁的分泌也都會相應減少，從而不利於高蛋白食物的消化。正確的膳食安排原則是，發燒期間適當限制蛋白質的供給量，至少不能增加蛋、肉等的進食量，等症狀減輕了，體溫恢復正常，再適當增加魚、雞等高蛋白食物，以利於身體康復。三餐食譜力求清淡易消化。

2 不宜飽食

醫學專家認為，孩子發燒時宜餓不宜飽。奧妙在於適度的饑餓狀態，可使機體產生大量對抗急性細菌感染的物質。研究發現，免疫系統對進食和饑餓的反應有所不同，禁食一天後的化驗檢查顯示，血液中一種稱為白血球介素-4 的物質水平升高了 4 倍，正是這種物質能促進機體產生抗體。

3 不宜多吃甜食

甜食會對免疫力產生消極影響。有研究顯示，假設血液中一個白血球吞噬細菌的能力平均為 14，吃了一個糖饅頭之後就降為 10，吃一塊糖點心之後就降為 5，吃一塊濃忌廉朱古力之後降為 2，喝一杯香蕉甜羹後則降為 1，這樣不就延長了病程嗎？

TIPS

感冒後如何均衡膳食

多吃：清粥、米湯、麵湯、蛋花湯、豆腐花、綠豆湯、馬蹄水。
多飲：白開水或鮮果汁。
蛋白質攝入量：每天每千克體重 1~1.5 克；主要來源為豆奶、豆腐、牛奶、脫脂乳、鮮魚、瘦肉碎、蒸蛋等。

預防寶寶感冒，為媽媽分憂

媽媽感冒時最好戴口罩哺乳

多數情況下嬰幼兒的感冒是病毒感染，一旦出現細菌感染，基本上都是交叉感染引起的，而在母嬰接觸的同時，媽媽身上的病菌可以通過呼吸道傳播並傳染給寶寶，包括媽媽眼睛的分泌物、鼻腔分泌物、唾液等，都有可能會將病菌傳給寶寶。

因此，患了感冒的媽媽在給寶寶餵奶時，最好戴上口罩，盡可能避免通過呼吸和飛沫把感冒病毒或細菌傳遞給寶寶。並且儘量少接觸寶寶，抱寶寶前先洗手，不要直接對着寶寶呼吸，以免傳染。

另外，家庭中只要有人感冒，最好都戴口罩進行隔離，並勤換衣服、勤洗手，平常不要跟孩子多接觸。與寶寶接觸前，最好先用肥皂或洗手液洗手殺菌，並換上乾淨的衣物。同時每天開窗通氣，保持室內通風。

不可不知的消毒妙招

目前家長普遍注意給寶寶的奶瓶、奶嘴、玩具等消毒，其實寶寶經常觸摸的傢具表面，如嬰兒床的護欄、嬰兒椅甚至地板，也應該注意消毒。

有的家庭用燻醋來消毒、殺菌和預防感冒。醋酸在一定濃度時確有消毒、殺菌作用，但效果並不是很好。燻醋如果濃度過高、時間過長，所散發出的酸性氣體對呼吸道黏膜有刺激作用，尤其會導致氣管炎、肺氣腫、哮喘等患者的病情發作或病情加重。嚴重的會灼傷人們的上呼吸道黏膜，尤其對小孩和哮喘患者影響最大。

專家解答

媽媽感冒有必要中止母乳餵養嗎？

如果哺乳媽媽感冒不重，沒有發燒，沒有細菌感染，僅出現流涕、鼻塞等較輕微的感冒症狀，不建議中斷哺乳，不必服用感冒藥，可以多喝開水；但如果媽媽出現發燒、咳嗽等較重感冒症狀，就要在醫生的建議下用藥。用藥期間最好停止哺乳，等症狀緩解後過一兩天再繼續哺乳。因為媽媽吃下去的部分藥物，會通過乳汁傳遞給嬰兒。

勤洗手，預防病菌傳染

感冒病菌可在手上存活 70 小時左右，勤洗手，是預防病菌傳染簡單、方便有效的方法，是預防感冒的關鍵措施之一。孩子每天都要接觸各種各樣的物品，玩具、門把手、桌椅……這些都可能暗藏流感病毒。建議在飯前便後、揉眼睛、擦嘴之前都要洗手，尤其在接觸到鼻涕等分泌物後，一定要馬上用流動的水洗手。

提醒家長給寶寶洗手前一定要先把自己的手洗乾淨，以免把自己手上的病菌傳染給孩子。勤洗手也是必須的，不能隨便洗洗了事，手心、手背、手指縫隙等都要洗到。

寶寶可愛也別亂親

看到寶寶粉嫩嫩的小臉蛋，人們總是不由得去親吻，或是讓寶寶親吻自己，其實這是不好的行為。

很多時候大人本身就是帶菌者，因為成人抵抗力強，所以是隱性感染，並不發病，如腸道病毒、輪狀病毒等，但小嬰兒免疫機制很弱，年齡越小的孩子抵抗力越差。家長親吻寶寶時就容易將病菌傳染給他們。所以親吻、撫摸寶寶之前最好洗臉、洗手，洗手可消除手上 90% 的細菌。

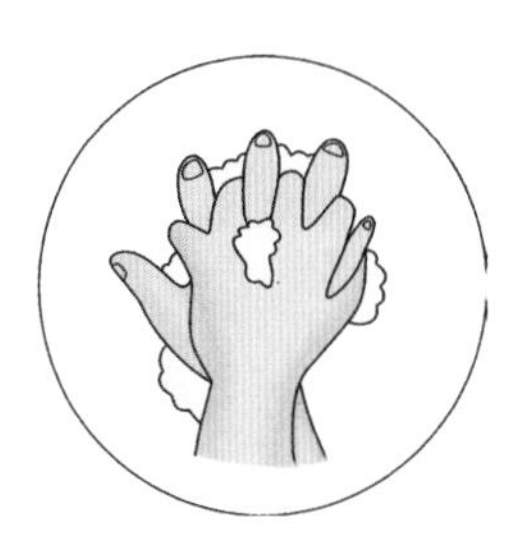

寶寶洗手要將手背、手指、指甲縫等處清洗乾淨，別忘了還有手腕部。

TIPS

抽煙的父親別抱孩子

因為抽煙者在皮膚、毛髮、衣服上殘留着煙中的有害物質，經常抱寶寶會傷害寶寶稚嫩的呼吸系統。為了寶寶的健康，爸爸最好自覺戒煙。如果煙癮比較大，沒有毅力戒煙，又實在想抱寶寶，就必須脫掉抽煙時穿的衣褲、鞋子，然後洗乾淨自己的臉和手，再抱寶寶玩。

幫寶寶清理鼻腔的小竅門

孩子感冒期間，最難受的莫過於鼻塞了，平時只能張着嘴巴呼吸，容易口唇乾裂，而且會影響孩子吃飯、喝奶、睡覺。黏稠的鼻涕也容易積聚更多的病菌，所以，如何幫孩子疏通和清理鼻腔非常重要。

教小寶貝如何擤鼻涕

可在平日帶孩子一起做用鼻子出氣把蠟燭吹滅的遊戲。慢慢引導他們像吹蠟燭一樣把鼻腔裏的鼻涕擤出來。要注意，擤鼻涕時要兩個鼻孔交替擤，不能兩個鼻孔同時擤，這樣做容易讓鼻涕污染鼻竇患上鼻竇炎，或者污染耳朵患上中耳炎。

稀釋鼻涕

寶寶有鼻涕鼻子不通的時候，我們可以稀釋鼻涕，讓鼻涕更容易流出來。可讓寶寶平躺，將滴劑滴入鼻腔待一會兒，用吸鼻器把鼻涕吸出來，有一定的殺菌消毒作用。

對付凝固的鼻垢

先用溫淡鹽水把孩子整個鼻腔濕潤，用面巾紙或薄紗布把一角擰成細長條，再把細長條對摺成略小於孩子鼻孔的大小，伸進孩子鼻腔裏轉一轉，向外拉的時候大都能把鼻垢帶出來。紙巾和薄紗布都很柔軟，不怕弄傷孩子的鼻腔。

吸熱蒸汽，緩解鼻塞

普通感冒多伴有打噴嚏、流鼻涕等症狀。減輕的最好方法是保持鼻腔乾淨，吸熱蒸汽的效果很不錯。將開水浸泡的毛巾放在寶寶鼻子附近，讓他吸熱蒸汽，如果再滴上幾滴植物油，比如案樹油，症狀會輕很多。也可以沖一個熱水澡或者坐在滿是蒸汽的洗澡間，這樣做對緩解感冒症狀，促進感冒痊癒效果特別好。

給寶寶多喝水

喝水不僅有助於稀釋寶寶鼻腔黏液，還可以增加寶寶的新陳代謝，快速把細菌病毒排出體外。

「三暖一寒一涼」穿衣法則

春秋季節，小兒容易感冒，父母都很害怕孩子生病感冒，會給孩子穿很多。其實，春秋季節幼兒穿衣要做到「三暖一寒一涼」——暖背、暖肚、暖足、寒頭、涼心胸，以適應氣候的變化。

暖背

背部保持適度溫暖利於孩子體內陽氣生髮，可預防疾病，減少受涼感冒的機會。天氣轉涼時，媽媽們不妨準備件毛織小背心給寶寶穿上。

暖肚

最好給寶寶戴個棉肚兜，有利於防止肚子因受涼而引起的腹痛、腹瀉等症狀。此外，晚上睡覺的時候，為防止寶寶踢被子，媽媽們不妨給寶寶準備睡袋。

暖足

腳離心臟最遠，血液供應較少，血液循環較慢，很容易着涼，因此說「寒從腳起」。足部受寒後，就會通過神經反射，引起上呼吸道黏膜的血管收縮，血流量減少，抗病能力下降，易患感染性疾病。因此，媽媽們要給寶寶穿上襪子，不能讓寶寶光着腳丫走。

寒頭

人們常說「寒頭暖足」，寶寶經由體表散發的熱量，有 1/3 是由頭部發散的，如果頭部包裹太多，容易引起頭暈、煩躁不安。所以，在室內或風和日麗的天氣，要保持頭涼，才能使寶寶神清氣爽。

涼心胸

是指給寶寶上身穿的衣服不要過於厚重臃腫，以免胸部受壓，影響正常的呼吸與心臟功能。

選擇注射流感疫苗

每逢季節變換，在流感即將到來之前，帶孩子注射流感疫苗是最有效的預防辦法。

接種原因

每年 11、12 月，患感冒的人最多，尤其是抵抗力弱的小孩，容易被流感病毒盯上，接種疫苗會促使身體產生一定的抗體，從而緩解感冒症狀和縮短感冒的周期。

接種時間

從注射疫苗到它開始發揮作用，一般要半個月到一個月的時間，因此，每年 10 月份左右是注射疫苗的最佳時期。

如何接種

流感疫苗屬二類疫苗，也就是說並不是所有人都必須注射，有需要的市民可以到醫務所或醫院接種。

接種頻率

由於流感病毒（特別是 A 型流感）的變異相當頻繁，每年流行的病毒株不同，疫苗的保護效果僅約一年，因此需要每年注射疫苗，才能達到良好的保護效果。值得注意的是，流感疫苗無法預防普通感冒，兩者不應混為一談。

抗病毒防感冒食療方

熱雞湯

適合年齡
2 歲以上

材料

雞（或烏雞）200 克，山藥、紅蘿蔔、馬蹄各 100 克，小粟米 50 克，薏米 20 克，紅棗 5 克

調味料

薑片適量，鹽少許

做法

1. 薏米洗淨，浸泡 2 小時；雞洗淨，切塊；山藥、紅蘿蔔、馬蹄去皮，洗淨，分別切塊。
2. 油鍋燒熱放入雞塊炒香，再倒入砂鍋中，加適量清水、山藥塊、紅蘿蔔塊、馬蹄塊、小粟米、薏米、紅棗、薑片以大火燒開，撇去上面浮油，改小火慢燉半小時，加鹽調味。

功效

熱雞湯是流行性感冒患者的良藥，雞肉能顯著增強機體對感冒病毒的抵抗能力。

生薑蘿蔔汁

適合年齡
1 歲以上

材料

白蘿蔔 50 克，生薑 5 克

調味料

蜂蜜 1 小匙

做法

1. 白蘿蔔切碎，壓出汁；生薑搗碎，榨出少量薑汁，加入蘿蔔汁中。
2. 在生薑蘿蔔汁沖入溫開水，用蜂蜜調勻即可。

功效

白蘿蔔的蘿蔔素對預防、治療感冒具有獨特作用。本汁還可清熱、解毒、祛寒。

戶外活動，讓寶寶免疫力起飛

預防小兒感冒還應該多參加戶外活動，積極鍛煉，增強體質，防止上呼吸道感染。

2~3 歲

進行簡單的跑跳、拍球、雙腳跳、跳繩、單腳跳和跳彈床等。還可以定期進行舞蹈、體操等，讓孩子的心肺功能得到加強，有助於增強孩子的體質。

3~6 歲

按照孩子的習慣、愛好、體質、運動素質、營養狀況選擇不同的運動項目，如跑跳遊戲、球類運動、游泳、體操和傳統功夫等。

戶外遊戲活動

踩影子

方法：陽光充足的時候，可以看到父母和寶寶投在地面上長長短短的影子。媽媽指着地上的影子，告訴寶寶：「這是爸爸的影子，那是寶寶的影子。」媽媽先踩一下爸爸的影子，給寶寶做示範。然後，爸爸媽媽帶着寶寶一起，互相踩影子玩。

效果：可以鍛煉寶寶奔跑和躲閃的能力，提高動作的敏捷性。

兒科醫生常用的綠色療法

喝熱飲，減少流鼻涕

一項研究發現，熱果汁對普通感冒和流感症狀的緩解效果令人驚訝。喝一些略帶苦味的熱飲也特別有益。很多醫生建議喝加蜂蜜、薑的熱水和鮮檸檬汁。

生薑梨水

適合年齡
6 個月以上

材料

生薑 5 片，秋梨 1 個

做法

秋梨切片，與生薑一起煮，服梨片與湯。

功效

散寒發汗。

蔗汁蜂蜜粥

適合年齡
1 歲以上

材料

甘蔗汁 100 克，蜂蜜 20 克，大米 50 克

做法

1. 大米加水煮粥。
2. 待米粥煮熟後調入甘蔗汁，再煮 1~2 分鐘，待粥稍涼加入蜂蜜即可。

功效

清熱解毒。

勤漱口，緩解咽喉痛

感冒的寶寶，漱口是一個很好的緩解症狀和消除病菌的方式。可直接用溫水漱口，還可以在水中加上一小匙鹽，每天漱 4 次即可。

泡泡腳，發汗排邪

泡腳可通氣血、排毒、提高身體的新陳代謝。當然，泡腳也要分清孩子的感冒症狀，方可有的放矢。

風熱感冒

症狀 發燒，流膿鼻涕，咽痛，口乾舌燥等。

老偏方：生地、金銀花各 15 克，水 1500 克，放入生地煮 10 分鐘，再放入金銀花煮 20 分鐘，待水溫自然冷卻至 40℃左右，給寶寶泡腳 20~30 分鐘，水蓋至寶寶腳踝處，每天早晚各一次。

功效：生地有清熱涼血、養陰生津的功效；金銀花有抗炎解熱的作用。

風寒感冒

症狀 鼻塞，畏寒，無汗，流清涕，咳嗽，頭痛等

老偏方：艾葉 40 克，水 1500 克。將艾葉全部放入水中，煮水，待水溫自然冷卻至 40℃左右，給寶寶泡腳，水蓋至寶寶腳踝處，每晚一次，泡到孩子微微出汗。

功效：艾葉具有溫熱驅寒的功效。

給孩子泡腳，一般在飯後半小時後再進行，泡 20~30 分鐘，摸到孩子的額頭或者後背微微出汗就可以了，剛泡完感覺全身有點熱，尤其是腳心，此時一定要注意腳部的保暖。泡完立即用乾毛巾擦乾，穿上舒適的襪子。不要過長時間放在外面，因為稍不注意，寒氣就侵入了。這樣泡腳的效果就會大大降低。

對付嬰幼兒感冒的民間妙法

民間妙法

推捏揉擦法

適用於小兒感冒發燒，或者汗閉不出。用具有發散功效的藥物加入溫水攪勻後，用紗布蘸藥液輕擦鼻翼兩旁，輕揉兩側太陽穴等，推捏脊柱及尾椎骨兩旁，揉擦兩肘彎、兩腿彎、兩手心。每處15~20次。

填臍療法

將藥物放在肚臍上。針對風熱、風寒感冒用不同的藥，同時飲白開水適量，以幫助其發汗、排毒。

敷貼法

適用於小兒風熱感冒。將藥餅分貼囟門和神闕穴處，每次貼4~6小時，每日2次，連貼2~3日有效。

握掌療法

除寒握掌法：風寒、風熱感冒注意用藥不同。將藥物裝在兩個小紗布包內，放於患兒兩掌心，外用長紗布纏好固定，15~20分鐘打開，藉以吸收藥物。

注意：藥物搭配最好遵從醫生囑咐，以免用錯藥物，影響療效或者加重症狀。

補鋅可縮短病程

研究發現，補鋅能夠增強人體免疫力，從而緩解感冒的症狀，並縮短病程。

補鋅最佳攝入量

0~6 個月：2~3.5 毫克 / 日

7~12 個月：3.5~4 毫克 / 日

1~3 歲：4~5.5 毫克 / 日

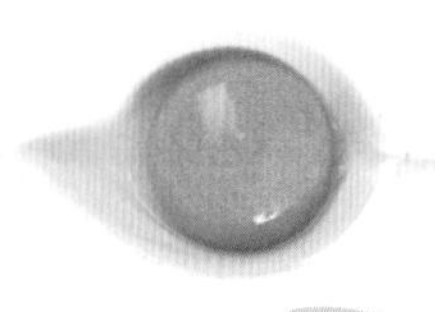

6 個月
從添加蛋黃開始
補充鋅等營養

7~9 個月
將豬膶、瘦肉、魚肉
等剁成末做成菜餚

10~12 個月
逐漸添加貝殼類等
海產品，如淡菜瘦
肉粥、蜆肉蒸蛋等

1~3 歲
適量多吃堅果
類食品

如何給寶寶補鋅？

科學補鋅，液體是首選

液體的鋅吸收最好，一般建議首選液體補鋅劑，這一點對於兒童尤為重要，但應在醫生指導下進行。

從飲食中攝取豐富的鋅

含鋅較多的食物有蠔、扇貝、蜆、蘑菇、瘦肉、豬膶、蛋黃、黑芝麻、南瓜子、西瓜子、核桃及魚類、乾豆類等。

吃發酵食品有助補鋅

米飯、麵條中的植酸能夠與鋅結合，形成化合物，使得人體無法正常吸收鋅。但如果主食發酵後植酸就會減少。因此，小孩可適當多吃些發酵食品，如可以在吃米飯之外，吃些麵包、饅頭等發酵麵食。

寶寶補鋅美食推薦

菠菜瘦肉粥

適合年齡
2 歲以上

材料

菠菜 20 克，豬瘦肉 25 克，白粥 50 克

調味料

麻油少許

做法

1. 菠菜洗淨，灼水，切成小段；豬瘦肉洗淨，切小片。
2. 待鍋內白粥煮開後，放入豬肉片，稍煮至變色，加菠菜段，煮熟後放入麻油，煮開即可。

功效

補鋅、增強免疫力。

鮮蠔南瓜羹

適合年齡
2 歲以上

材料

南瓜 50 克，鮮蠔 30 克，葱絲 3 克

調味料

鹽 2 克

做法

1. 南瓜去皮、去內瓤，洗淨，切成細絲；鮮蠔洗淨，取肉。
2. 湯鍋置火上，加入適量清水，放入南瓜絲、蠔肉、葱絲，加入鹽調味，大火燒沸，改小火煮，加蓋熬至成羹狀，關火即可。

功效

補鋅、補鈣、健腦。

小兒感冒食療方

白菜綠豆飲

適合年齡

1 歲以上

材料

白菜梗 2 片，綠豆 30 克

調味料

砂糖 2 克

做法

1 綠豆洗淨，放入鍋加水，用中火煮至半熟；將白菜梗洗淨，切成片。

2 白菜片加入綠豆湯，同煮至綠豆開花、菜爛熟，加入糖調味即可。

功效

清熱解毒。

薄荷西瓜汁

適合年齡

8 個月以上

材料

西瓜 50 克，薄荷葉 10 克

調味料

砂糖 2 克

做法

1 西瓜去皮、去籽，切小塊；薄荷葉洗淨。

2 將上述食材倒入全自動豆漿機中，按下「果蔬汁」鍵，攪打均勻後倒入杯中，加入砂糖攪拌至化即可。

功效

此果汁有消炎降火、預防風熱感冒的作用，非常適合寶寶飲用。

爸媽巧用推拿，寶寶少感冒

小兒推拿，是以中醫理論為指導，應用手法於穴位，作用於孩子的機體，以調節臟腑、經絡、氣血功能，從而達到防治疾病的目的。孩子患了感冒，其實也可以運用小兒推拿來幫孩子緩解不適。下面介紹幾個簡單易行的推拿方法：

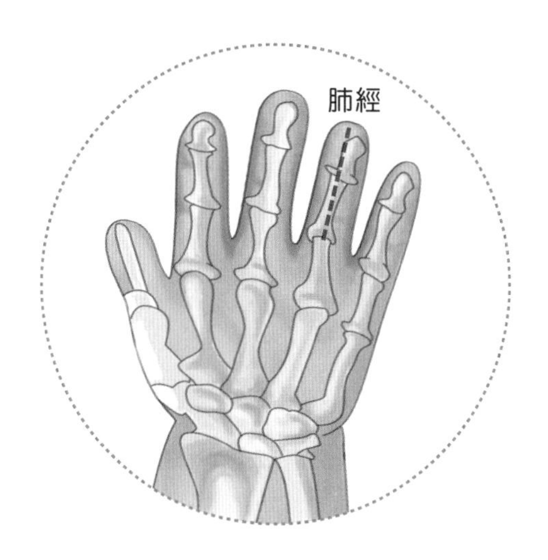

清肺經　清熱宣肺治感冒

精準定位　無名指掌面指尖到指根成一直線。

推拿方法　用拇指指腹從無名指指根向指尖方向直推為清，稱清肺經，100~300 次。

取穴原理　補益肺氣、清熱宣肺。主治孩子感冒、發燒、胸悶、咳喘、盜汗等症。

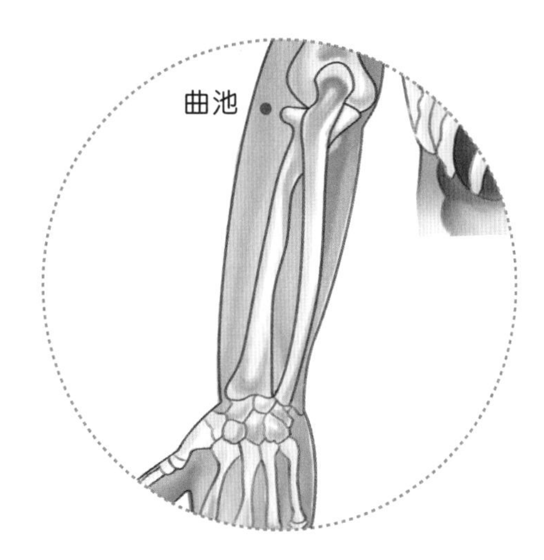

揉曲池　感冒發燒不用愁

精準定位　屈肘，在肘窩橈側橫紋頭至肱骨外上髁中點。

推拿方法　用拇指指端按揉曲池穴 100 次。

取穴原理　有疏通經絡、解表退熱、利咽等作用。主治孩子風熱感冒、咽喉腫痛、咳喘、肩肘關節疼痛等症。

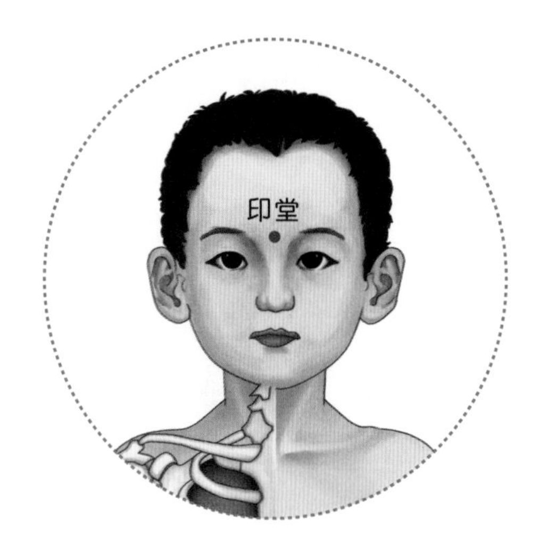

掐揉印堂　外感發燒的剋星

精準定位　前正中線上，兩眉頭連線的中點處。

推拿方法　用拇指指甲掐印堂 3~5 次，叫掐印堂；用指端按揉印堂 10 次，叫按揉印堂。

取穴原理　安神定驚、明目通竅。主治孩子感冒、頭痛、驚風、抽搐、近視、斜視、鼻塞等。

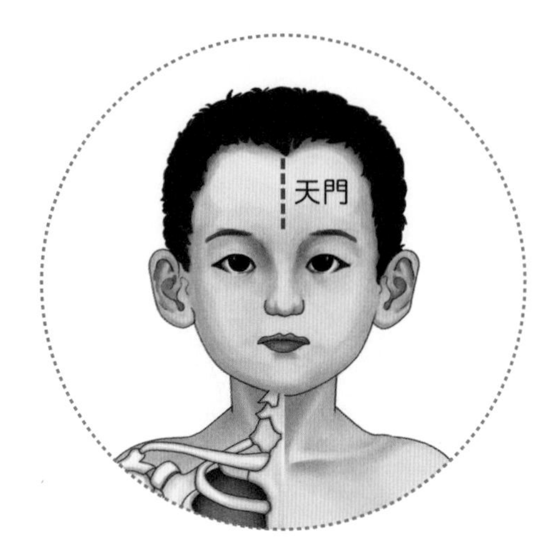

開天門　讓孩子精神煥發

精準定位　兩眉中間（印堂）至前髮際正中的一條直線。

推拿方法　拇指自下而上交替直推天門 30~50 次，叫開天門。

取穴原理　提神醒腦、安神鎮驚、祛風散邪，通鼻竅。主治孩子外感發燒、頭痛、驚風、精神不振、嘔吐等。

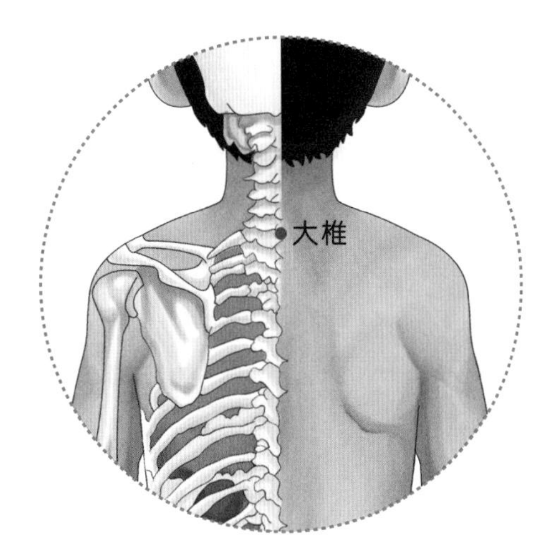

推年壽　感冒鼻塞一按見效

精準定位　鼻上高骨處，準頭上。

推拿方法　一手扶孩子頭部，以另一手拇指指甲掐年壽穴稱為掐年壽，掐 3~5 次；以兩手拇指自年壽穴向兩鼻翼分推，稱為分推年壽，分推 30~50 次。

取穴原理　用於孩子鼻乾、感冒鼻塞、慢驚風等。

揉大椎　清熱解表有良穴

精準定位　後背正中線上，位於第 7 頸椎與第 1 胸椎棘突之間。

推拿方法　每天用拇指揉大椎穴 30~50 遍。

取穴原理　清熱解表。主要用於調治孩子外感發燒。

當心觸碰用藥謬誤

如果孩子患了感冒，給孩子吃藥要謹記，科學用藥、安全用藥是很關鍵的。給孩子用藥存在幾個謬誤：

感冒不用吃藥

很多父母覺得感冒是小病，會和大人一樣，過段時間就自然而然痊癒了。

這種想法是錯誤的，寶寶抵抗力弱，感冒如果不及時治療的話，很可能會引發一系列併發症，如支氣管炎、中耳炎、肺炎等。千萬不能掉以輕心，要及時對症治療。

吃抗生素才好得快

相對來說，抗生素見效快，很多父母不想孩子多受罪，會採用抗生素。

抗生素的主要作用是抑制或殺死細菌，而 80%~90% 的感冒都是由病毒引起的。盲目使用抗生素，不僅不能縮短病程，還會增加細菌耐藥性。抗生素的使用最好聽從醫生的指導。

只要是感冒藥就行

有些父母給寶寶使用感冒藥時，認為只要是寶寶能吃的感冒藥就行。

其實感冒藥的成分很重要，寶寶吃的藥應該具有這幾種成分：解熱止痛劑、鎮咳藥物、鼻減充血劑和抗組胺藥物，這都是缺一不可的。感冒藥裏無論缺少了哪一種成分，都是會影響療效，請遵從醫生指示用藥。

輸液好得快

寶寶一生病，父母會很焦急，希望寶寶快點好，往往會急着帶寶寶去打針輸液。

其實打針或者是靜脈輸液的療效和安全性有時不如口服藥物。所以除非必須打針處理，最好使用口服藥。

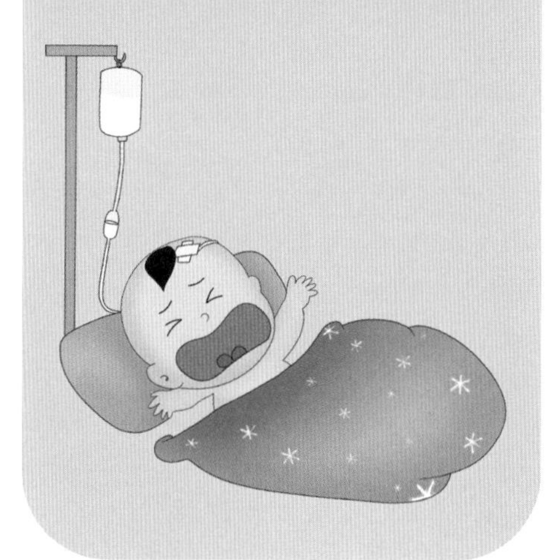

中藥沒有不良反應

很多人都會認為中藥不會像西藥一樣會對人體產生不良反應，所以完全依賴中藥。

其實不管是中藥還是西藥，都或多或少會對人體產生不良反應。中藥對感冒分類複雜，如風寒、風熱、熱咳、寒咳、外感咳嗽、內傷咳嗽等，如果隨便吃中藥的話，不僅不能治病，反而會加重病情。

給兒童服用成人藥

有的家長會給兒童按成人劑量減半服用藥物，他們認為只要劑量減半就不會有問題。

按成人劑量減半給兒童用藥是不科學的。兒童的肝臟對藥物的解毒能力、腎臟對藥物的清除能力都不如成人，兒童大腦的血腦屏障功能還沒發育完全，還不能阻止某些藥物對大腦的傷害。不能給寶寶隨意服用成人藥物，減少劑量也不行。

謬誤7 用抗感冒藥來防感冒

感冒藥不能用來預防感冒。西藥抗感冒藥多是複方製劑，通常含有 2~5 種成分，分別用於緩解不同的感冒症狀。如撲熱息痛等解熱鎮痛藥，能緩解發燒、頭痛、肢體酸痛。用抗感冒藥來預防感冒不但無效，還會帶來不良反應。同樣的道理，中成藥也是藥物，抗感冒中藥也不能預防感冒。

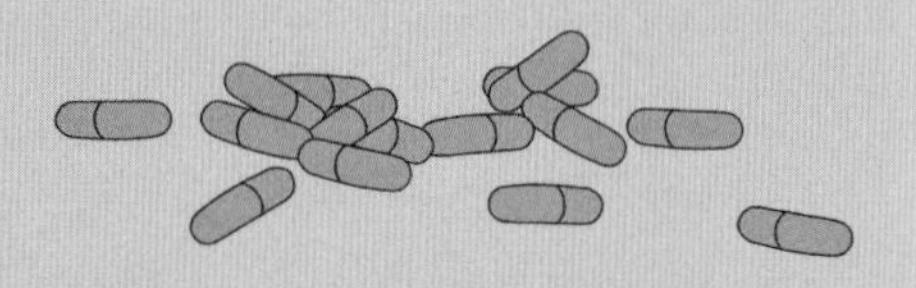

謬誤8 多吃幾種感冒藥容易好

很多複方感冒藥的組方成分相同或相近，如果同時吃幾種感冒藥，就容易發生重複用藥，引起藥物中毒。比如很多感冒藥含有阿司匹靈，過量服用可引起呼吸急促、噁心嘔吐等，尤其是孩子應慎用。另外，含撲熱息痛的複方感冒藥，過量或長期服用也可造成身體傷害。

TIPS

看感冒次數瞭解孩子免疫力

家長可觀察孩子一年感冒的次數，來看看孩子免疫系統是否存在缺陷。

0~2 歲：一年最多感冒 7 次。

3~5 歲：一年最多 6 次（註：兩次感冒時間相差 1 周以上才算兩次感冒）。

如果超出以上的標準，或以上各年齡段患支氣管炎的次數超過 3 次或肺炎超過 2 次，就可以診斷孩子是反復呼吸道感染，那就要仔細檢查發病原因了。

第 5 章

反復呼吸道感染防治攻略

辨別症狀，找出病因

你家裏也有「復感兒」嗎？

所謂「復感兒」，是反復呼吸道感染小兒的簡稱。小兒經常出現發燒、咳嗽、流涕、咽喉腫痛等症狀，醫生診斷為「反復呼吸道感染」。復感兒的多發年齡在 6 個月 ~6 歲，尤以 2~3 歲的幼兒最為多見。這類小兒每年患上呼吸道疾病常在 7 次以上，有的甚至每月發生 2~3 次。所以各個年齡段的兒童診斷反復呼吸道感染的指標也不一樣。

0~2 歲

每年發生上呼吸道感染 7 次以上，下呼吸道感染（包括支氣管炎、肺炎）3 次以上。

3~5 歲

每年發生上呼吸道感染 6 次以上，下呼吸道感染 2 次以上。

6~12 歲

每年發生上呼吸道感染 5 次以上，下呼吸道感染 2 次以上，即可診斷。

專家解答

復感兒需要嚴防甚麼併發症？

復感兒群體易引發心肌炎、腎炎、風濕、哮喘等，嚴重影響兒童正常發育。由於兒童身體免疫力弱、抗病力差，一旦發生上呼吸道感染，身體的免疫複合物就會隨着血液流至腎臟，在腎小球的基底膜沉澱。如果反復感冒，沉澱物越積越多，再加上消炎藥等加重腎臟代謝負擔，就會導致腎臟受到損害，引發兒童腎炎。

小兒反復感冒是甚麼原因？

1 先天稟賦不足

先天稟賦不足，體質柔弱。如父母體弱多病，或母親懷孕期間感染各種疾病，或早產、多胎等。

2 餵養、調護失宜

餵養、調護失宜。如過早停止母乳餵養、人工餵養不當等。

3 免疫力下降

生病後未及時醫治或誤治，導致感冒反復不癒，致嬰幼兒氣虛、免疫力下降。

4 飲食不當

飲食不當。如有的小兒喜零食、甜食飲料、挑食偏食，以致體內濕熱內蘊；有的家長給孩子亂服滋補藥品或食品，使小兒體內生熱化燥，傷津耗液。

5 養育過溫

養育過溫、衣被過暖、少見風日、戶外活動過少，使小兒肌膚嫩怯，稍有風吹，即感冒復起。

6 慢性病灶

寶寶患有慢性咽炎、慢性扁桃體炎、哮喘、中耳炎、齲齒等。呼吸道黏膜發炎期間一旦受涼、勞累時，會再受感染。而哮喘患兒肺通氣差，更易感染。

7 濫用藥物

常服用清熱解毒口服液、「涼茶」，或感冒發燒就用抗生素，破壞寶寶體內的微生態平衡，降低了抗病能力。

復感兒病在肺，根在肺脾腎，尤以脾為本

中醫認為，小兒因臟腑柔弱而容易發生反復呼吸道感染，主要原因在於肺、脾、腎三臟功能失調。注意，中醫所說的肺脾腎三臟功能並不完全等同於西醫。

肺

肺主氣，司呼吸，職司衞外。「肺」除掌管人體呼吸功能以外，還有抵禦外邪侵襲的作用，也可以理解為人體的免疫功能。小兒「肺臟嬌嫩」，衞外功能不足，所以容易反復發生呼吸道感染。

脾

脾主運化水穀，化生氣血精微，榮養人體，為後天之本。「脾」的功能可以理解為人體消化、吸收營養的能力。小兒「脾常不足」，所以容易發生消化功能紊亂，導致營養不均衡或營養不良，從而使小兒抗病能力減弱，這也是小兒發生反復呼吸道感染的重要原因。

腎

腎藏精，主骨生髓，為先天之本。小兒體質強壯與否，與父母的遺傳因素、孕期的營養等諸多先天因素有關。小兒「腎常虛」，即與成人相比，小兒屬先天不足，體質虛弱，故而易患疾病。

但先天不足可以靠後天來補充，即所謂「後天養先天」。也就是說，後天脾胃健運，飲食入於胃，可化生氣血，榮養五臟六腑、四肢百骸，從而促使小兒體質增強，提高抗病能力。因此小兒反復呼吸道感染，表現雖然在肺，但本質在於肺脾腎三臟不足。治療上，單純固肺不妥，還應健脾助運，固腎強身，才能達到目的。

復感兒不同類型的治療

第一種類型為：食積鬱熱型

典型表現：

患兒平時過多食用魚、肉等動物性食品，不願吃水果、蔬菜等富含維他命類的食物，急躁易怒，大便乾結，排便不暢，3~4 天才排便一次。此外，患兒還經常出現咽喉紅腫、扁桃體腫大、目赤等症狀，且易感外邪，發病後多表現為風熱感冒的症狀。

解決措施：

家長平時應注意多讓孩子吃一些蔬菜、水果，並觀察患兒是否有咽喉紅腫、口臭、大便乾燥等症狀。

第二種類型為：肺脾氣虛型

典型表現：

患兒平素體質較差，面色萎黃、毛髮少澤、消瘦多汗、厭食乏力、經常流鼻涕、舌體多胖大，氣候稍有變化，即易外感風寒，發病後多表現為風寒感冒的特點。

解決措施：

這些患兒應從調理肺脾入手，肺氣盛，脾胃健運，方可減少感冒發病。常用的治療方法為益氣固表、健脾和胃。

TIPS

切不可大汗淋漓

不宜在冷氣房或公共場所久留，避免玩耍過度、大汗淋漓。汗多時及時用毛巾擦乾，避免穿濕衣服受涼感冒。中醫認為「汗為心液」，汗出過多，傷及心陽，陽氣虧損，容易反復感冒。

媽媽如何照顧復感兒？

合理餵養，正確添加輔食

提倡母乳餵養，尤其是對 6 個月以內的嬰兒，出生後及時添加維他命 AD 製劑。嬰兒滿 6 個月時應及時添加輔食，以補充營養成分，滿足機體生長發育的需要。不要片面追求高蛋白、高燒量食物，否則超過小兒脾胃的承受能力，反而導致脾胃積熱、消化不良。特別是對食積鬱熱型的患兒尤應注意。避免偏食，養成多吃蔬菜、水果的習慣。

飲食宜溫熱，富於營養、易消化

飲食上吃溫熱、富於營養的食物，不偏食、不挑食，不吃或少吃冷飲，少吃甜食。「飲食自倍，腸胃乃傷」。小兒飲食貴有節制，七八成飽為好。葷素搭配合理，吃好正餐，少吃零食，重視早餐、午餐，晚餐宜早宜少。

冷暖適度，隨氣溫變化增減衣物

有些家長簡單地將小兒反復呼吸道感染歸咎於受涼，因此給患兒多加衣被。實際上，衣被過多，非但不能預防感冒，有時反而會因出汗過多、毛孔開泄而引發感冒。一般認為衣被以「背暖」、「足暖」為佳，即白天背部暖和，夜間兩足暖和就說明衣被的厚薄是合適的。

清潔寶寶口腔，防止病從口入

應經常用銀花甘草水或生理鹽水漱口。

保持寶寶呼吸道通暢

如寶寶流鼻涕、鼻塞，不要用收縮血管或其他藥物滴鼻劑給寶寶滴鼻子，可幫寶寶擤鼻涕，如果鼻涕黏稠，用鹽水滴鼻液滴鼻，過一會兒再用吸鼻器將鼻腔中的鹽水和黏液吸出，寶寶的呼吸就通暢了。

常吃健脾益肺的食物

芥菜、小棠菜、白蘿蔔、紅蘿蔔、南瓜、青笋、山藥、蘑菇、花生、芝麻、核桃、橄欖、紅棗等，可健脾氣、潤肺陰，復感兒可以適當多食。

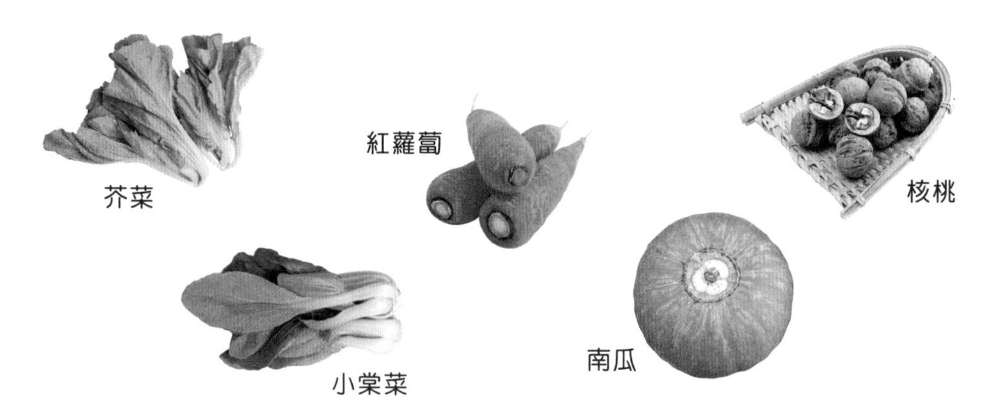

天氣好的日子多和寶寶玩遊戲

在天氣暖和、陽光充足的時候，鼓勵寶寶多到戶外活動，如此可增強寶寶對氣候變化的適應性。

戶外遊戲活動

寶寶接球

方法

1. 準備一個軟皮、彈力適中、比足球小點的皮球，表面有「刺」突出的更好。
2. 在寬敞的房間或室外空地上，爸爸媽媽將球往地上投擲，待球彈起來時讓寶寶用雙手去接。也可由寶寶自己把球投擲下去，爸爸媽媽來接。
3. 過一段時間，可根據寶寶的熟練程度加大距離，還可有意識地將球扔向距寶寶有一定距離的左方或右方，讓他轉動身體去接球。

效果

增強寶寶的抵抗力和靈活性。

預防寶寶反復感冒，為媽媽分憂

復感兒進行預防接種

復感兒在接受預防接種前應到醫院進行免疫學檢查，因為某些原發性免疫缺陷病接種脊髓灰質炎疫苗、卡介苗及麻疹疫苗等減毒活菌苗後，可產生疫苗相關疾病，造成病灶擴散，全身嚴重感染，危及生命。

呼吸道感染作為一般禁忌證，如處於高燒或是上感、支氣管炎、肺炎的急性期時，不宜進行預防接種，否則會加重注射反應，引起病情加重或誘發其他疾病，應等疾病痊癒後補種。

若復感兒合並營養不良時，對預防接種應持慎重態度，特別是重度營養不良患兒。

另外，復感兒在進行預防接種前，還應充分考慮使用抗生素的問題。一般在服用抗生素期間注射滅活疫苗或類毒素製品，對以後預防接種的效果往往影響較大；若注射的是減毒活菌苗，在兩周內使用過相應的抗生素，會影響產生抗體的過程，因而可能導致接種後的免疫效果不良甚至失敗。因此，在接種活菌苗期間，應避免給復感兒使用抗生素。

給嬰幼兒補充維他命 AD 製劑

維他命 AD 製劑可以提高機體的免疫功能，對干預治療反復呼吸道感染有一定療效。0~3 歲的嬰幼兒，飲食中攝入的維他命 D 非常有限，最好在醫生指導下通過口服維他命 AD 製劑進行預防性補充。

科學「秋凍」，增強耐寒力

科學「秋凍」，有利於機體適應從夏熱到秋涼的轉變，提高人體對氣候變化的適應性與抗寒能力，對疾病尤其是呼吸道疾病起到積極的預防作用。

初秋，雖然氣溫開始下降，卻並不寒冷，這時是開始「秋凍」的最佳時期，最適合耐寒鍛煉，增強機體適應寒冷氣候的能力。但是夜間入睡一定要注意保暖。而在晝夜溫差變化較大的晚秋，則切勿盲目受凍。晚秋應隨時增減衣服，以防感冒。還需強調，平時多汗、體質較差的肺脾氣虛型患兒不宜「秋凍」。

如何防止寶寶被傳染？

中醫認為小兒「發病容易，傳變迅速」，因此要避免和感冒患者接觸，如非接觸不可，也應採取一些必要措施，如母親感冒後戴口罩等。在疾病流行期間，儘量避免到擁擠的公共場所。

治療原發病，恢復抵抗力

復感兒反復呼吸道感染也可以繼發於某些疾病，如厭食、貧血、佝僂病、腎病、腹瀉等慢性疾病，這些疾病可降低患兒的抵抗力，從而導致反復呼吸道感染。因此，復感兒應注意原發病的治療。

鼻黏膜是一道屏障，必須守護好

鼻黏膜是呼吸道的第一道關卡，因此要避免反復感冒，首先要做的就是保護好鼻黏膜。平常多喝些白開水，可增加機體代謝廢物的排泄，還可保持鼻黏膜的濕潤，有利於預防呼吸道疾病。另外，當感覺鼻腔乾燥時，也可以用複方薄荷油滴鼻，保持鼻腔濕潤。也可應用市面上購買的生理鹽水噴鼻，對祛除鼻痂和濕潤鼻黏膜也大有好處。

保證均衡營養，讓寶寶變強壯

在幼兒期，要注意均衡營養，像牛奶、肉類、蛋類、魚類、新鮮蔬菜和水果等，做到按時進食，不挑食、不偏食。同時，一定要檢查有無缺少微量元素鋅和鐵，缺少鋅和鐵易造成反復感染。

兒科醫生常用的綠色療法

爸媽巧用推拿，強健寶寶脾肺

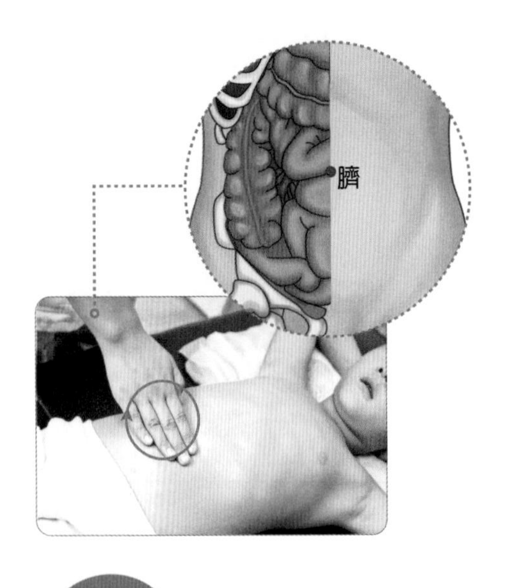

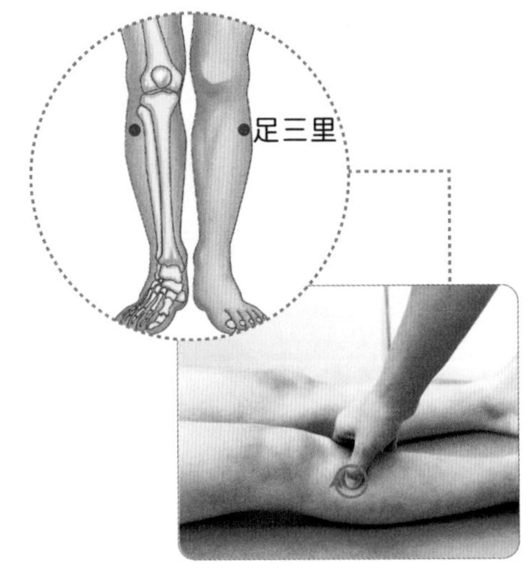

摩臍　溫陽散寒

精準定位　肚臍正中。

推拿方法　四指並攏，放在孩子肚臍上，輕柔和緩地順時針方向摩動，直到出現熱感。

取穴原理　摩臍有溫陽散寒、補益氣血、健脾和胃、消積食的功效。主治孩子脾虛泄瀉、便秘、腹脹等症。

按揉足三里　調和脾胃之氣

精準定位　外膝眼下 3 寸，脛骨前脊外一橫指處，左右各一穴。

推拿方法　用拇指在孩子足三里穴上順時針按揉 50~100 次。

取穴原理　按揉足三里可以調和脾胃之氣，使孩子脾胃運化順暢。主治孩子消化不良引起的腹瀉、腹脹、噁心、嘔吐等症。也是常用保健手法之一。

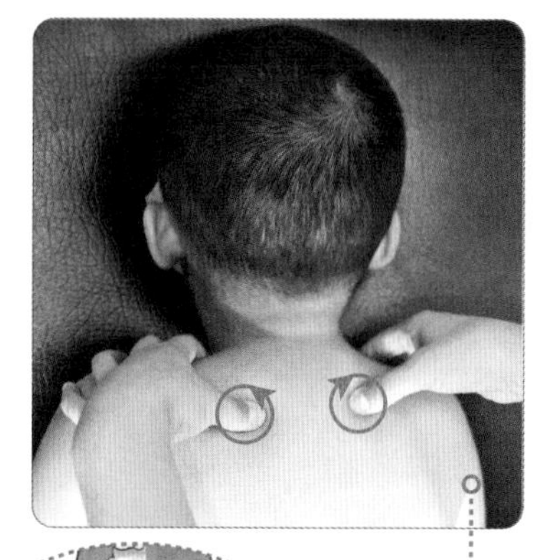

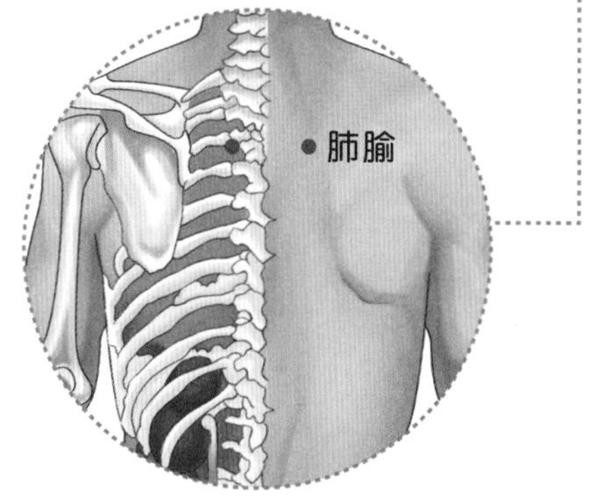

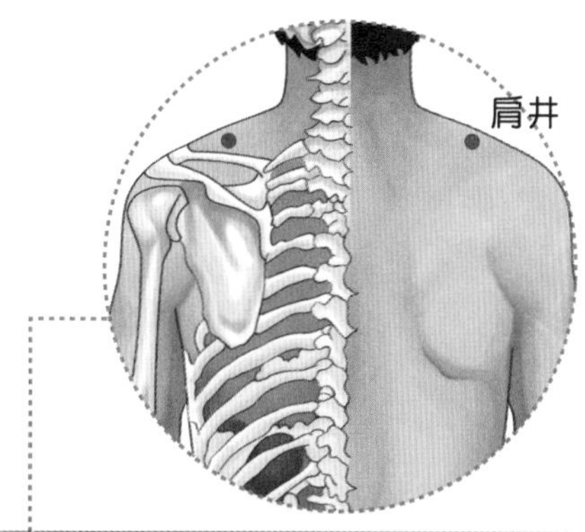

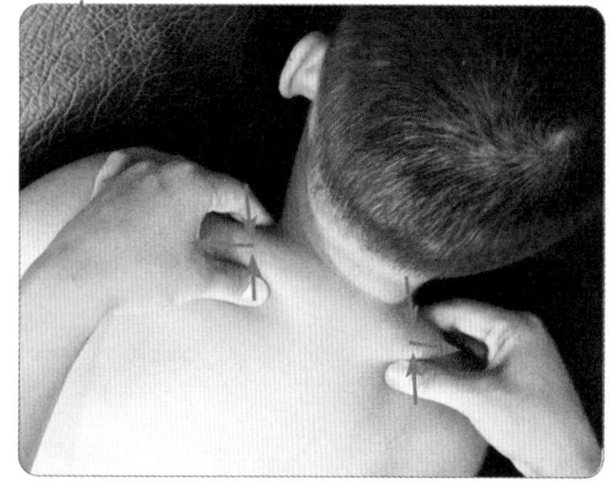

按揉肺腧　補肺益氣

精準定位　第三胸椎棘突下，旁開1.5寸，左右各一穴。

推拿方法　用拇指端按揉肺腧穴50~100次。

取穴原理　按揉肺腧穴可補肺益氣、止咳化痰。主治孩子感冒、咳嗽、胸悶、氣喘等症。

拿肩井　振奮陽氣

精準定位　在大椎與肩峰連線的中點，肩部筋肉處。

推拿方法　用拇指和食中二指對稱用力提拿肩井穴3~5次。

取穴原理　拿肩井可以疏通氣血、振奮陽氣，對於經常感冒的孩子有調理作用。

治療復感兒的食療方

初乳

人和動物最初分泌的乳汁中含有大量的抗體，尤其是分泌型免疫球蛋白A，對預防呼吸道感染、增強呼吸道黏膜抗禦外來病原微生物侵襲的能力具有重要作用。故可收集產婦分娩後前3天的初乳，給反復感冒的小兒服用，一次10毫升，每日1~2次，連服1~2周。

健康好食材

植物性食物包括韭菜、白蘿蔔、紅蘿蔔、筍、芫茜、山藥、木耳、冬菇、黃豆、芝麻、核桃、梨、香蕉、蜂蜜等；動物性食物有牛肉、雞、鵪鶉、海魚、海蝦等，可增強人體抵抗力。

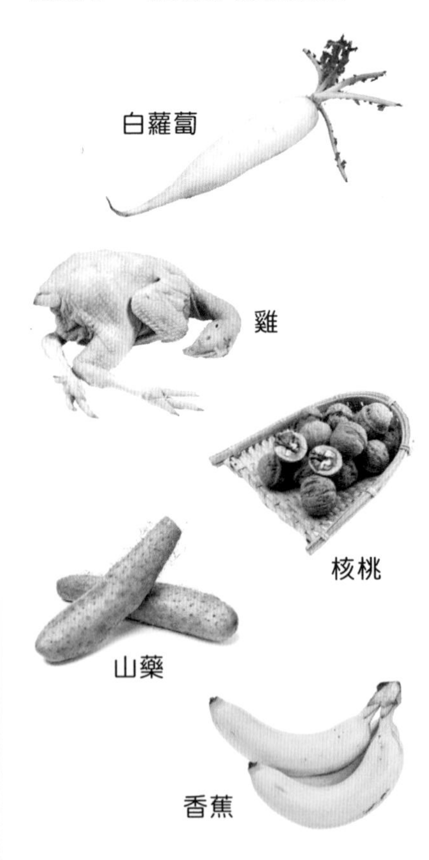

香菇雞粥

適合年齡
1 歲半以上

材料

雞翼、大米各 30 克，鮮冬菇 15 克，青菜適量、葱末 3 克

調味料

鹽 2 克

做法

1 雞翼洗淨，切塊，去掉雞翼尖；冬菇切丁；大米洗淨；青菜洗淨，切碎。

2 鍋內倒清水，加雞翼、葱末煮沸，倒入大米，煮沸後加冬菇丁、青菜碎攪勻，熟後加鹽調味即可。

功效

冬菇能增強機體免疫力；雞翼能提供優質蛋白質，給寶寶食用時最好把雞翼中間的兩根骨頭去掉。

紅棗核桃米糊

適合年齡
11 個月以上

材料

大米 50 克，紅棗 20 克，核桃仁 30 克

做法

1 大米淘淨，清水浸泡 2 小時；紅棗洗淨，用溫水浸泡 30 分鐘，去核；核桃仁洗淨備用。

2 將食材倒入全自動豆漿機中，加水至上下水位線之間，按「米糊」鍵，煮至米糊好即可。

功效

益氣血、健脾胃，改善血液循環，對寶寶脾虛、肺虛有改善作用。

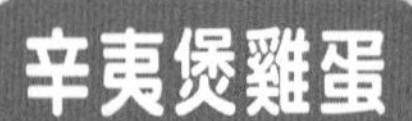

辛夷煲雞蛋

適合年齡

1 歲以上

材料

辛夷花 9 克，雞蛋 2 個

調味料

鹽適量

做法

1. 將雞蛋整個打入沸水中略煮片刻。
2. 再加入辛夷花、鹽同煮 2~3 分鐘即可。

功效

可連續食用 1 周，對反復感冒、過敏性鼻炎患兒有效。

補氣雙菇麵

適合年齡

2 歲以上

材料

黃芪 10 克，鮮蘑菇、已浸發冬菇各 25 克，麵條 100 克

調味料

鮮湯、鹽各適量

做法

1. 黃芪煎汁約 50 毫升，備用；冬菇切碎；鮮蘑菇洗淨後切成片。
2. 將冬菇碎、鮮蘑菇片放入油鍋中略炒，加入黃芪汁煮熟，下麵條煮熟，再加鮮湯、鹽煨至熟爛即可。

功效

作為小兒輔食，分 2~3 次食用。常吃可提高小兒免疫力。

當心觸碰用藥謬誤

常服消導藥強身

減少感冒——經常給孩子吃猴棗散或王氏保赤丸，有病治病，無病強身。

猴棗散和王氏保赤丸有消積、清熱、化痰、鎮驚、通便等作用，肺脾蘊熱體質兒可間斷使用。可每周服 1~2 天，或在出現上述肺脾蘊熱症狀時服用。這兩種藥均以消導為主，非擅健脾，故肺脾兩虛證兒不適合常服。民間不分虛實，給孩子「有病治病，無病強身」的做法不妥。

一定要吃抗生素

大多數上呼吸道感染由病毒引起，一般不用抗生素治療。但如果經醫生診斷，認為有細菌感染，可在醫生指導下應用抗生素。需要注意的是，目前廣泛應用的喹諾酮類抗生素藥物如左氧氟沙星等，18 歲以下禁用。一定要在醫生指導下應用抗生素。

根據經驗用藥

一些家長喜歡用大青葉、板藍根沖劑等作為孩子的預防藥，或給孩子濫用補品，殊不知大青葉、板藍根等為苦寒之品，用之對症則病除，若無病症則反傷元氣；同樣，滋補之品，稍不對症，則傷脾胃或生髮它病。必須根據不同的情況，辨證用藥，才能收到效果。

TIPS

復感兒如何正確治療？

首先要查清原因，然後找醫生對症治療。應按醫囑足量全程用藥。必要時測定體內微量元素水平和免疫功能。若微量元素缺乏，要進行有針對性的補充。若免疫功能缺陷，則要進行免疫刺激療法。

第6章

肺炎
年齡越小，危險性越大

辨別症狀，找出病因

「四看一聽」，鑒別肺炎與感冒

一聽胸部

由於孩子的胸壁薄，有時不用聽診器也能聽到水泡音，所以細心的家長可以在孩子安靜或睡着時聽聽他的胸部。

聽孩子胸部時，要求室溫在18℃以上，脫去孩子的上衣，將耳朵輕輕貼在孩子脊柱兩側的胸壁上，仔細傾聽。肺炎患兒在吸氣時會聽到「咕嚕兒咕嚕兒」的聲音，醫生稱之為細小水泡音，這是肺部發炎的重要體徵。

二看咳嗽和呼吸

判斷孩子是否罹患肺炎，還需看孩子有無咳、喘和呼吸困難。感冒和支氣管炎引起的咳、喘多呈陣發性，一般不會出現呼吸困難。若咳、喘較重，靜止時呼吸頻率增快，提示病情嚴重，不可拖延。

世界衞生組織提供了一個簡單的診斷肺炎的標準：在患兒相對安靜狀態下數每分鐘呼吸的次數，如果發現以下情況，則說明呼吸頻率增快。

- 2 個月以下嬰兒呼吸次數 ≥60 次 / 分
- 2~12 個月嬰兒呼吸次數 ≥50 次 / 分
- 1~5 歲小兒呼吸次數 ≥40 次 / 分

三看精神

如果孩子在發燒、咳嗽的同時精神很好，則提示患肺炎可能性較小。相反，孩子精神狀態不佳、口唇青紫、煩躁、哭鬧或昏睡等，得肺炎的可能性較大。孩子在患肺炎初期，可能精神並無明顯變化，也可能精神狀態不佳。

四看食慾

小兒得了肺炎，食慾會顯著下降，不吃東西，或一吃奶就哭鬧不安。也有的在吃奶的時候容易嗆奶、吐奶等，可能一聲咳嗽都沒有。

五看發燒

小兒罹患肺炎時大多有發燒症狀，體溫多在 38℃以上，持續兩三天時間，退燒藥只能使體溫暫時下降，不久便又上升。孩子感冒雖然也會發燒，但體溫多數在 38℃以下，持續時間較短，退燒藥的效果也較明顯。

專家解答

如何正確地數呼吸？

正確的做法是數滿 1 分鐘，每一呼一吸算一次呼吸。如果發現呼吸次數有異常，應當反復地數幾次，呼吸確實快的，應當及時就醫。

甚麼是新生兒肺炎？

新生兒肺炎是新生兒期常見的一種疾病，大致可以分為兩類：

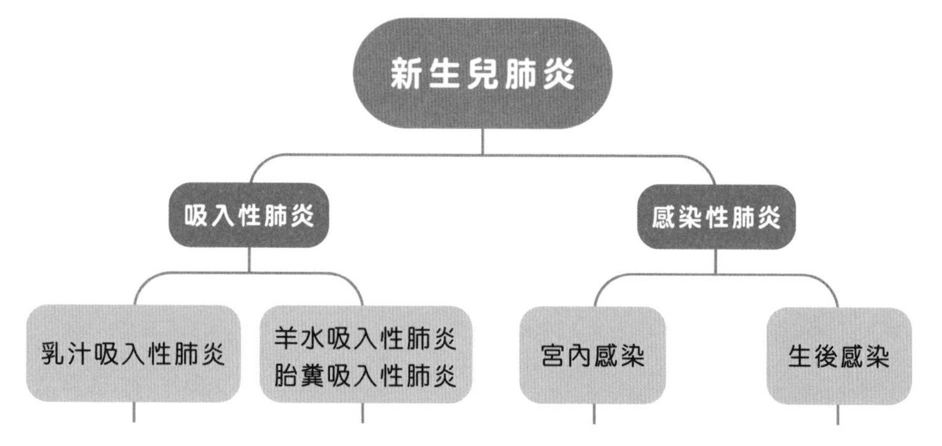

乳汁吸入性肺炎：由於新生兒，特別是早產兒、低體重兒，口咽部或食道的神經反射不成熟，肌肉運動不協調，乳汁被誤吸入呼吸道而引發。

羊水吸入性肺炎、胎糞吸入性肺炎：都比較嚴重，一出生就有明顯的病症，如呼吸困難、皮膚青紫等，需要住院治療。

宮內感染：由於母親在懷孕期間感染了某些病毒或細菌，通過血液循環進入胎盤，導致胎兒患上了肺炎。

生後感染：在肺炎中最多見，主要由各種病原菌引起，以細菌或病毒感染為主。如父母患普通感冒，寶寶就有可能患肺炎。此外，寶寶其他部位的感染，比如臍炎、口腔感染等，病菌也可以經過血液循環傳播至肺部而引起肺炎。

細菌性肺炎：主要致病病原體為肺炎鏈球菌、流感嗜血桿菌、金黃色葡萄球菌、肺炎克雷伯菌及軍團菌等。對於 6 個月 ~2 歲的嬰幼兒來說，由於母傳抗體逐漸消失，容易受到肺炎鏈球菌的侵入，所以肺炎鏈球菌肺炎的發病率較高。

病毒性肺炎：主要致病菌為流行性感冒病毒、副流感病毒、呼吸道合胞病毒、巨細胞病毒、腺病毒、冠狀病毒及腸道病毒等。病毒感染在小兒肺炎中最多見，通常情況下，病毒性肺炎偏愛 6 個月以內的嬰兒。

專家解答

肺炎寶寶應做哪些檢查？

血常規檢查是初次診斷肺炎的關鍵手段。如果白血球比較高，可能就是細菌感染，但如果是白血球正常或偏低，也許是病毒感染。在醫院做血常規是很快的，一般半小時就能拿到白血球、C- 反應蛋白結果。

媽媽如何照顧肺炎寶寶？

呵護新生兒肺炎有絕招

改善寶寶生活環境

室內空氣要新鮮，適當通風換氣。室溫最好維持在18~22℃，濕度在50%~70%，冬天可使用加濕器或在暖氣上放水槽、濕布等，因為室內空氣太乾燥，會影響痰液排出。

注意呼吸道護理

注意穿衣蓋被均不要影響孩子呼吸；安靜時可平臥，須經常給寶寶翻身變換體位，可促進痰液排出。如有氣喘，可將患兒抱起或用枕頭等物將背墊高呈斜坡位，有利於呼吸。鼻腔內有乾痂，可用棉棒蘸水取出。

防止嗆奶

應抱起或頭高位餵奶，或用小匙慢慢餵入；每吃一會兒奶，應將奶頭拔出讓寶寶休息一下再餵；家人應耐心細緻地護理和餵養。

密切觀察孩子的變化

如有睡眠不安、哭鬧或吃奶少等現象，可以諮詢住院治療時的主管醫生。

讓寶寶呼吸道通暢的方法

1. 及時清除呼吸道分泌物，鼓勵患兒多飲水，防止痰液黏稠不易咳出；給予超聲霧化吸入，以稀釋痰液便於咳出，必要時吸痰。
2. 幫助患兒經常更換體位、輕拍背部以利分泌物排出，病情允許時可進行體位引流；嬰兒常抱起，增加肺通氣，改善呼吸。
3. 遵從醫生指示給予祛痰劑。
4. 注意穿衣蓋被均不宜太厚，過熱會使患兒煩躁而誘發氣喘，加重呼吸困難。

輕拍寶寶背部，促使排痰

對於痰多的患兒，家長可將患兒抱起，輕輕拍打其背部，以助痰液排出。對臥床不起的患兒，應經常變動其體位，這樣既可防止肺部瘀血，也可使痰液容易排出，有助於患兒康復。

高燒時需要「特殊照顧」

給患兒多喝水，物理降溫，如用冰袋敷前額、腋窩、腹股溝處。

對營養不良的體弱患兒，不宜用退燒藥或酒精擦浴，可用溫水擦浴或中藥清熱。

降溫後半小時測量體溫，觀察降溫情況，防止虛脫。

做好晚間護理，保持皮膚、口腔清潔，尤其是多汗的患兒要及時更換潮濕的衣服，並用熱毛巾把汗液擦乾，這對皮膚散熱及抵抗病菌有好處。隨時保持床單柔軟、平整、乾燥。

少食多餐，防止嗆咳

肺炎患兒常有高燒、胃口較差、不願進食，應給予營養豐富的清淡、易消化的流質（如母乳、牛奶、米湯、蛋花湯、菜湯、果汁等）、半流質（如稀飯、麵條等）的飲食，少食多餐，避免過飽影響呼吸。

餵食時應細心、耐心，防止嗆咳引起窒息。餵奶的患兒，可在奶中加嬰兒米糊，使奶變稠，可減少嗆奶，每吃一會兒奶，應將奶嘴拔出，休息一會兒再餵，或用小匙慢慢餵入。

家庭護理的注意事項

1. 小兒肺炎要治療 1 周左右才能好轉，1~2 周甚至更長的時間才能痊癒。有些家長往往過於着急，即使孩子精神狀態及一般情況都好，咳喘也不重，只是因為體溫未退，就一天跑幾趟醫院，使患兒得不到休息，加之醫院裏患者集中，空氣不好，容易使患兒再感染其他疾病，對康復反而不利。

2. 在家中治療和護理的過程中，如發現患兒出現呼吸加快、煩躁不安、面色發灰、喘憋出汗、口周青紫等症狀，應立即送往醫院。

3. 小兒肺炎痊癒後，家長不要掉以輕心，特別要注意預防小兒上呼吸道感染，謹防小兒肺炎的復發。

專家解答

肺炎痊癒後是否可立即上學？

肺炎是下呼吸道感染疾病，對於孩子的抵抗力及身體狀況是一個比較大的打擊。治療可能只有幾天，但氣道黏膜的修復和肺部病變的吸收至少需要 2 周，這期間早早將孩子送往學校很可能導致復發。

預防寶寶肺炎，為媽媽分憂

預防新生兒肺炎的錦囊

羊水或胎糞吸入性肺炎，預防的關鍵是防止胎兒發生宮內缺氧。母親在懷孕期間定期做產前檢查是非常必要的，尤其是在懷孕末期，可以及時發現胎兒宮內缺氧的問題，如發現有妊娠高血壓、胎位不正、臍帶纏繞或受壓、過期妊娠等可能引起胎兒宮內缺氧的因素，產科醫生會採取相應的監護和治療措施，以儘量減少吸入性肺炎的發生及減輕疾病的嚴重程度。

對於感染引起的新生兒肺炎，從母親懷孕期間就應該開始預防。母親要做好孕期保健，防止感染性疾病的發生。

要給孩子布置一個潔淨舒適的生活空間，孩子所用的衣被應柔軟、乾淨，哺乳用的用具應消毒。父母和其他接觸孩子的親屬在護理新生兒時注意洗手。

特別要強調的是，患感冒的成人要儘量避免接觸新生兒，若母親感冒，應戴口罩照顧孩子和餵奶。對來訪客人，要婉言謝絕。

發現孩子有臍炎或皮膚感染等情況時，立即去醫院治療，防止病菌擴散。

接種肺炎疫苗

接種肺炎疫苗是預防肺炎的一種好辦法，現時本港出生的新生兒可於母嬰健康院接種 13 價肺炎球菌結合疫苗，可以避免肺炎死亡及肺炎併發症的發生。

督促孩子加強體育鍛煉

首先平時應注意增強孩子體質，讓孩子多進行戶外活動、多曬太陽或者開展適合孩子年齡的各種體操等，提高小兒對疾病的抵抗力。通過跑步、球類運動等增強體質、預防感冒。

嚴防呼吸道疾病傳染

嬰幼兒應盡可能避免接觸呼吸道感染的患者。

在流感或其他呼吸道感染性疾病流行時，要積極預防。比如，對於年齡稍大、在群體生活的學齡兒來說，更易患支原體肺炎，而支原體肺炎（感染的潛伏期較長，可達 2~3 周）每隔 3~7 年發生一次地區性流行，所以一旦周圍患者增多，就要減少孩子出門，不要讓孩子去人多的地方。患兒治療要徹底，患病期間要注意隔離。

兒科醫生常用的綠色療法

爸媽巧用推拿，趕走寶寶肺炎

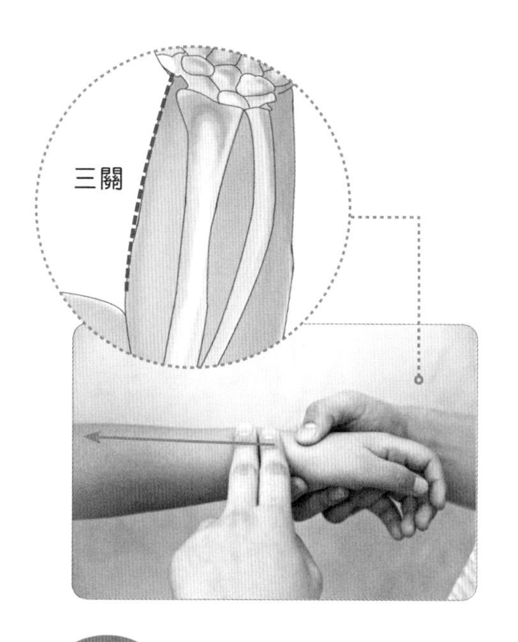

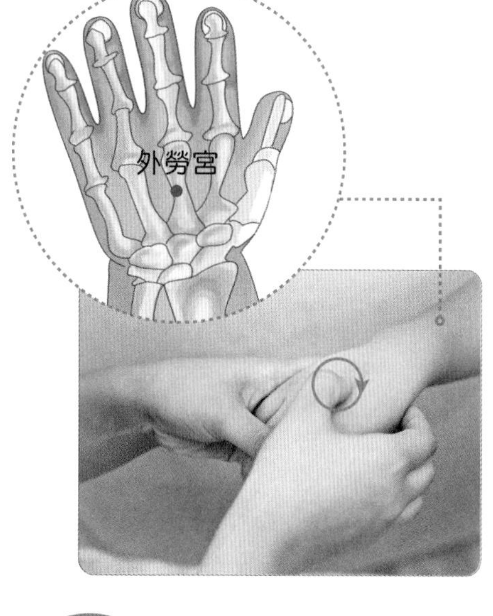

推三關 **虛散寒**

精準定位 前臂橈側，從肘部（曲池穴）至手腕根部成一條直線。

推拿方法 用拇指或食中二指自孩子腕部推向肘部 100~300 次。

取穴原理 推三關有補虛散寒的功效，主要用於孩子氣血虛弱、感冒、肺炎等一切虛寒證。

揉外勞宮 **排出寒濕之氣**

精準定位 手背中心，即手背與內勞宮相對處。

推拿方法 用拇指指端按揉孩子外勞宮 100~300 次。

取穴原理 按揉外勞宮可幫助孩子排出體內的寒濕之氣，對於孩子感冒、肺炎、流口水等有很好的調理作用。

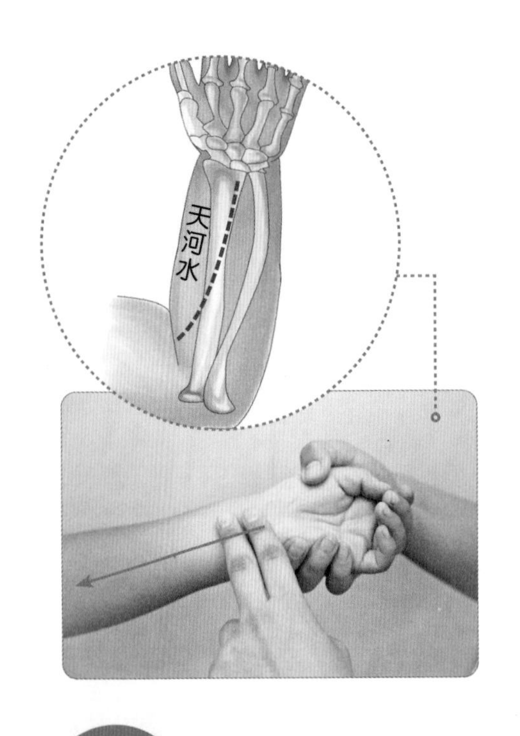

清天河水　清熱解表、瀉火除煩

精準定位　前臂正中，自腕至肘成一直線。

推拿方法　用食中二指自腕向肘直推天河水 100~300 次。

取穴原理　清天河水有清熱解表、瀉火除煩的功效，對治療孩子風熱型肺炎等有效。

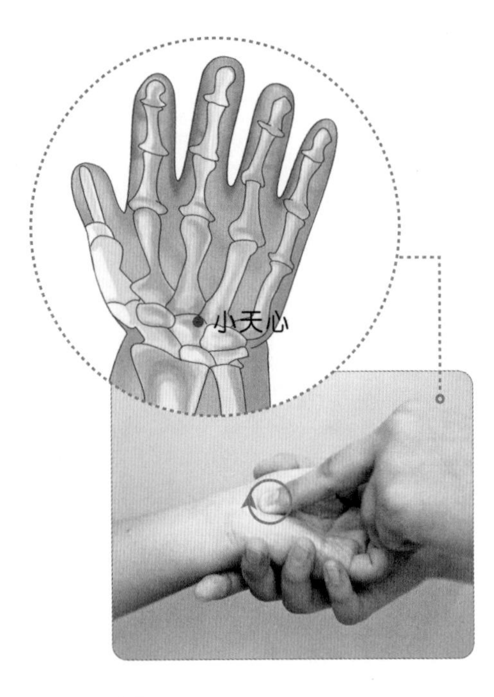

揉小天心　清火瀉熱

精準定位　手掌大小魚際交接處的凹陷處。

推拿方法　用中指指端揉小天心 100~300 次。

取穴原理　揉小天心有清火的功能，對於痰熱犯肺引起的小兒肺炎有很好的緩解作用。

小兒肺炎急性期食療方

急性肺炎起病較急，突然發作畏寒、發燒，呼吸症狀主要表現為咳嗽、咳痰，全身症狀有頭痛、肌肉酸痛、乏力等，食療上以清熱潤肺為主。

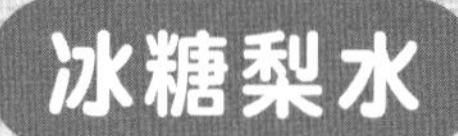

適合年齡
8 個月以上

材料

雪梨 1 個

調味料

冰糖少許

做法

1 將梨洗淨，去皮、去核，切塊。

2 鍋內倒入水燒開，放入梨片、冰糖，小火煮 15 分鐘即可。

糖杏梨

適合年齡
1 歲以上

材料

雪梨 1 個，杏仁 10 克

調味料

冰糖 12 克

做法

1 梨去皮、去核，放碗內。

2 梨中加入杏仁及冰糖，隔水蒸 20 分鐘即可。

小兒肺炎緩解期食療方

肺炎緩解期應以控制感染和祛痰、鎮咳為主，預防其復發。寶寶可以多食健脾潤肺的食物，增強抵抗力。

雪耳紅棗雪梨粥

適合年齡

1 歲半以上

材料

雪梨 1 個，大米 50 克，去核紅棗 20 克，乾雪耳 10 克

調味料

冰糖 5 克

做法

1 乾雪耳泡發後去蒂，灼燙一下，撈出，撕成小塊；雪梨洗淨，連皮切塊；大米洗淨，浸泡半小時。

2 鍋中倒入適量清水燒開，加大米、雪耳、紅棗煮沸，轉小火煮 25 分鐘，再加入梨塊煮 5 分鐘，加冰糖煮至溶化即可。

綠豆山藥羹

適合年齡

1 歲半以上

材料

綠豆 50 克，山藥 20 克

調味料

冰糖少許

做法

1 綠豆洗淨；山藥去皮，洗淨，切丁。

2 鍋中加水，放入綠豆大火煮開，用中火繼續煮 15 分鐘至綠豆開花。

3 山藥丁加水煮沸，熟後撈出，用攪拌機打成糊。

4 將山藥糊加入綠豆中，加適量冰糖和水，煮開拌勻即可。

功效

清熱解毒、止渴。

第7章

氣管、支氣管炎
時間越長，
病情越嚴重

辨別症狀，找出病因

急性支氣管炎簡稱「急支」，是嬰幼兒時期發病較多、較重的一種疾病，常伴有或繼發於上、下呼吸道感染，並且是麻疹、百日咳及其他急性傳染病的一種表現。父母最好掌握一些相關知識，以便給寶寶最好的護理，助寶寶健康成長。

急性支氣管炎與嬰幼兒

簡稱：急支

中醫稱：外感咳嗽

易發年齡：多見於 1 歲以下的寶寶，尤以 6 個月以下的寶寶為多見。

易發季節：一年四季均可發病，但冬春季較多見。

對於相同的發病因素，為甚麼急支青睞嬰幼兒呢？仔細分析發現，主要還是與嬰幼兒呼吸道的解剖生理特點有關，這是嬰幼兒急支高發的內在因素。

1 嬰幼兒鼻和鼻腔相對短小，無鼻毛，後鼻道狹窄，鼻竇不發達，上呼吸道調節溫度和清除異物作用較差。

2 嬰幼兒鼻咽黏膜柔嫩，血管豐富，故容易受感染，並向下蔓延。

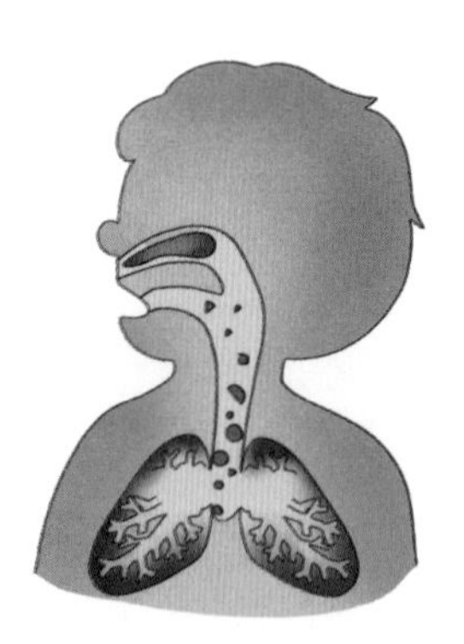

3 嬰幼兒氣管、支氣管管腔相對狹窄，氣管又呈漏斗狀，軟骨柔軟。缺乏彈力組織，使炎症容易擴散。

4 嬰幼兒氣管、支氣管黏膜血運豐富，腺體分泌不足，黏膜比較乾燥，黏膜纖毛運動差，不能很好地排出病原微生物及黏液，所以容易發炎。

正因為如此，有的嬰幼兒的急支症狀會特別嚴重，甚至發生喘憋或呼吸困難。

急性支氣管炎的 4 類症狀

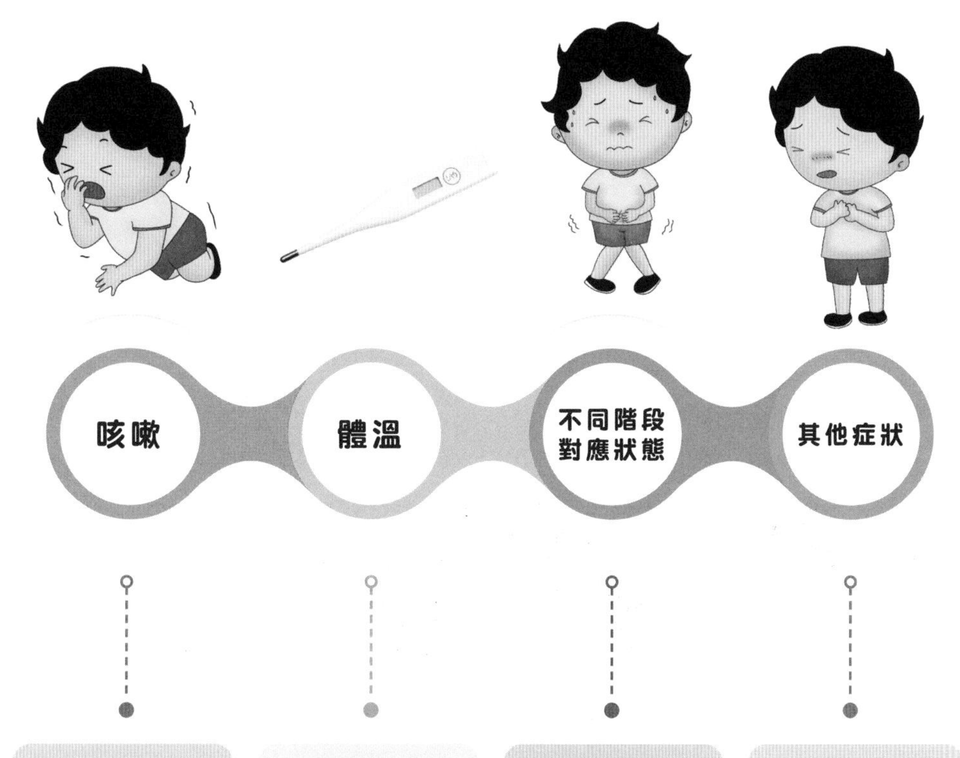

咳嗽：發病可急可緩，大多先有上呼吸道感染症狀。當炎症殃及氣管、支氣管黏膜時，則出現咳嗽（乾咳）和咳痰。患病初期寶寶為單聲乾咳，或咳出少量黏液痰，以後隨病情發展咳嗽加劇，痰呈黏性濃痰。嬰幼兒不會吐痰，大多吞下。

體溫：可高可低，但多為低燒，也有寶寶體溫可以達到 38~39℃，會持續數天，或持續 2~3 周。

不同階段對應狀態：

年長兒症狀：全身症狀較輕，但多見頭痛、疲乏、食慾不振。

嬰幼兒症狀：除上述症狀外，還會出現嘔吐、腹瀉等消化道症狀。

其他症狀：咽部多有充血，肺部呼吸音粗，或有乾囉音、濕囉音。其性質及部位常有變化。

寶寶患急性支氣管炎的常見原因

急支是由感染引起的，是由物理化學刺激或過敏引起的氣管、支氣管黏膜急性炎症，常常繼發於上呼吸道感染。急支的病因總結如下：

基礎疾病

嬰幼兒時期的某些疾病，如營養不良、貧血、缺鈣、變態反應（過敏反應）以及慢性鼻炎、咽炎等，皆可成為本病的誘發因素，都可能造成寶寶免疫功能低下。

感染

引起上呼吸道炎症的病毒或細菌都可能成為支氣管炎的病原體。常見病毒有鼻病毒、呼吸道合胞病毒、流感病毒、副流感病毒以及風疹病毒等。細菌以肺炎鏈球菌、葡萄球菌、流感桿菌、百日咳桿菌最多見。

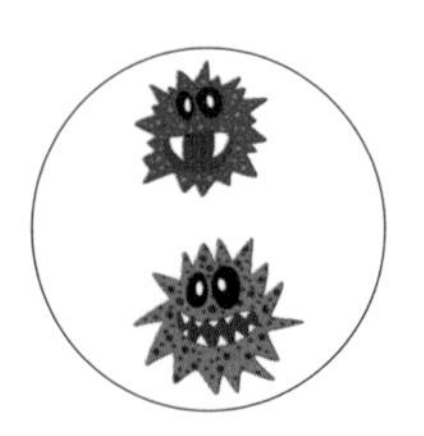

物理——化學因素

冷空氣、粉塵、刺激性氣體或煙霧（如氨氣、氯氣、二氧化硫）的吸入，特別要指出的是如二手煙、三手煙（附着在吸煙者的口腔、體表或衣物等處）的吸入，都可引起寶寶氣管、支氣管黏膜的急性炎症。

過敏因素

如花粉、有機粉塵、真菌孢子等的吸入，還有鈎蟲、蛔蟲的幼蟲在肺內移行，或對細菌蛋白質過敏，都會引起氣管、支氣管的過敏反應，也可導致急支。

慢性支氣管炎雖少見，但多有併發症

慢性支氣管炎簡稱「慢支」，指反復多次的支氣管感染，連續 2 年以上，每年發作時間超過 2 個月，有咳、喘、炎、痰四大症狀，X 光胸片顯示間質性慢性支氣管炎、肺氣腫等改變。小兒單純性慢性支氣管炎很少見，多伴有其他併發症。

慢支與急支的區別

病程及症狀： 急性支氣管炎起病較快，開始時乾咳無痰，以後咳黏痰或膿性痰。常伴胸骨後悶脹或疼痛、發燒等症狀，多在 3~5 天內好轉，但咳嗽、咳痰症狀常持續 2~3 周才恢復。而慢性支氣管炎則以長期、反復而逐漸加重的咳嗽為突出症狀，伴有咳痰（咳痰症狀與是否感染有關，時輕時重）及輕至中度的喘息。

併發症： 急性支氣管炎多不伴有阻塞性肺氣腫、支氣管擴張及肺心病，而慢性支氣管炎發展到一定階段都伴有上述疾病。

慢支治療應積極

慢性支氣管炎如治療不積極，症狀頻繁發作，最終因支氣管或肺間質破壞，可導致支氣管擴張和肺氣腫等不可逆性損傷，這對孩子的健康傷害很大。

其實，小兒重症腺病毒肺炎、麻疹肺炎、毛細支氣管炎及肺炎支原體感染之後可繼發慢性支氣管炎，病毒和細菌是誘發本病的主要病原體。因此，對於患過重症腺病毒肺炎、麻疹肺炎、毛細支氣管炎、百日咳並發肺炎的患兒要進行長期追蹤觀察，同時注意季節變化，在醫生指導下給予提高免疫力的措施。

應提醒的是，慢性支氣管炎急性發作往往是由於細菌感染引起的，因此該用敏感抗生素治療的就應及時採用，家長沒必要太猶豫。

TIPS

如果家長發現孩子患支氣管炎時，咳嗽逐漸加重，體溫持續升高，應該及時到醫院就診，通過醫生的聽診及胸部 X 光片以明確是否患了肺炎。因為小兒患支氣管炎時，如果炎症沒有及時控制，炎症向下蔓延，可能會導致肺炎。

媽媽如何照顧支氣管炎寶寶？

急性支氣管炎寶寶護理秘笈

寶寶年齡越小，越需要好好休息，最好臥床，少下地活動，以減少熱量消耗，加快身體恢復。

保持家庭環境良好。寶寶所處居室要溫暖、通風、採光良好，並且空氣中要有一定濕度，防止過分乾燥。嚴格禁止被動吸煙。

寶寶須經常調換臥位，使呼吸道分泌物易於排出。

翻身拍背很重要。寶寶咳嗽、咳痰時，表明支氣管內分泌物增多。為促進分泌物順利排出，可用霧化吸入劑幫助祛痰，每日 2~3 次，每次 5~20 分鐘。如果是嬰幼兒，則應該頻繁拍背翻身，一般每 1~2 小時拍背翻身一次。

多餵水。寶寶患急支時有不同程度的發燒，水分蒸發較大，缺水後痰更稠，不容易咳出，應注意給患兒多餵水。可用糖鹽水補充，也可用米湯、蛋湯補給。飲食以半流質為主，以便增加體內水分，滿足機體需要。

慢性支氣管炎寶寶護理秘笈

寶寶如果發燒不高，一般不需要積極降溫，可讓患兒多飲白開水，既幫助降溫，又有助於排痰。

適當冷暖刺激，不要包裹孩子。寶寶出汗後再焗着待乾，容易受涼。

洗臉水不要太熱，最好用溫水，增強鼻部血液循環，增強抵抗力。

儘量少帶寶寶去人多的地方。慢性支氣管炎的孩子多半抵抗力比較差，在天氣好的日子有必要加強戶外活動和體格鍛煉。

飲食應清淡，忌食辛辣油膩的食品。不妨多吃一些富含維他命C、維他命A、β-胡蘿蔔素的食物，如番茄、白蘿蔔、西蘭花、奇異果、紅蘿蔔、豬膶、番薯、柑橘等，提高支氣管的防禦能力。

利用冬病夏治原理，在三伏天進行中藥穴位貼敷療法，方法簡便有效。不過，2 歲以下、患接觸性或藥物性皮炎者禁用。

在重症肺炎之後，必須較長時間隨訪觀察，特別對腺病毒肺炎患兒，應做X光複查，直到恢復為止。

預防寶寶支氣管炎，為媽媽分憂

積極預防上呼吸道感染

積極預防上呼吸道感染，做好寶寶的護理工作。針對流感病毒、風疹病毒、肺炎鏈球菌和百日咳桿菌等常見病原體，酌情做好流感疫苗、麻風腮疫苗（麻疹、風疹、腮腺炎）、肺炎球菌疫苗以及白百破疫苗（白喉、百日咳、破傷風）等的預防接種。

治療與本病相關的基礎疾病

積極治療嬰幼兒時期的某些疾病，如營養不良、貧血、缺鈣、哮喘以及慢性鼻炎、咽喉炎等。對於輕度貧血的寶寶，可以先調理飲食，進行食補，適當多吃一些蛋黃、瘦肉、動物肝臟和動物血製品。積極治療鈎蟲、蛔蟲等腸道寄生蟲病。

防止吸入理化和過敏物質

防止吸入理化和過敏物質，如粉塵、刺激性氣體或煙霧、花粉、真菌孢子等，甚至還有過冷的空氣等。

掌握 4 個飲食宜忌

食物宜清淡

新鮮蔬菜如白菜、菠菜、小棠菜、白蘿蔔、紅蘿蔔、番茄、青瓜、冬瓜等，不僅能補充多種維他命和礦物質，而且具有清痰、祛火、通便等功能。黃豆及豆製品含人體需要的優質蛋白質，可補充慢性支氣管炎對機體造成的營養損耗。

強化平時飲食

平時可多選用具有健脾、益肺、補腎、理氣、化痰的食物，如動物肺臟及枇杷、桔子、梨、百合、紅棗、蓮子、杏仁、核桃、蜂蜜等，有助於增強體質。

忌食海腥油膩

因「魚生火、肉生痰」，故患慢性支氣管炎的寶寶，應少吃黃魚、帶魚、蝦、蟹、肥肉等，以免助火生痰。

不吃刺激性食物

辣椒、胡椒、蒜、葱、韭菜等辛辣之物均能刺激呼吸道，使症狀加重，菜餚調味也不宜過鹹、過甜，冷熱要適度。

小兒推拿補肺益腎

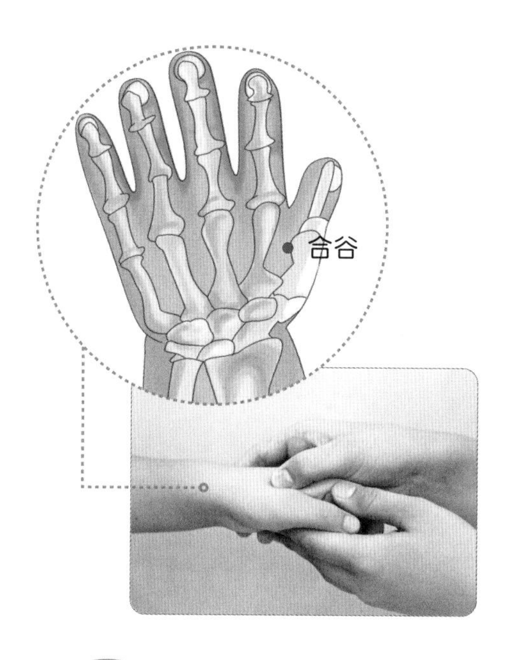

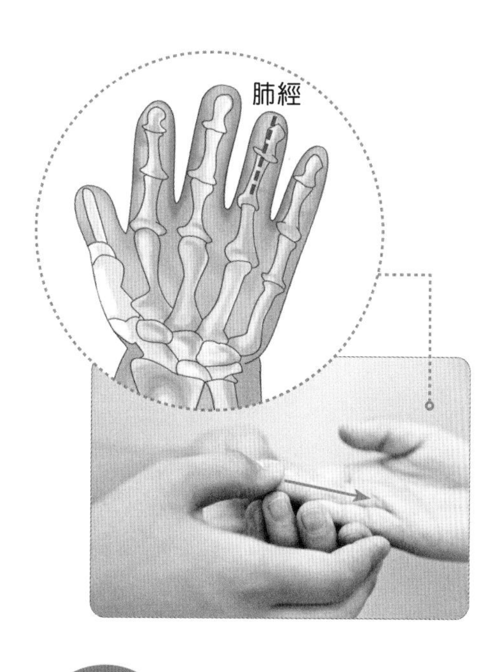

拿合谷 虛散寒

精準定位 位於虎口，第一二掌骨間凹陷處。

推拿方法 用拇食二指指腹相對用力拿捏孩子合谷穴20次。

取穴原理 拿合谷有疏通經絡、清熱解表的功效，可以調治孩子外感發燒、支氣管哮喘等。

補肺經 排出寒濕之氣

精準定位 無名指掌面指尖到指根成一直線。

推拿方法 用拇指指腹從孩子指尖向指根直推肺經100次。

取穴原理 補肺經可補益肺氣、化痰止咳。主治孩子感冒、發燒、咳嗽、氣喘等。

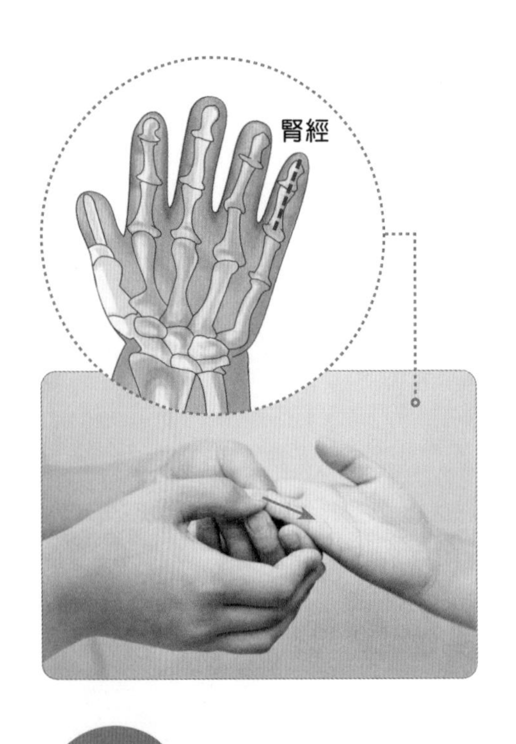

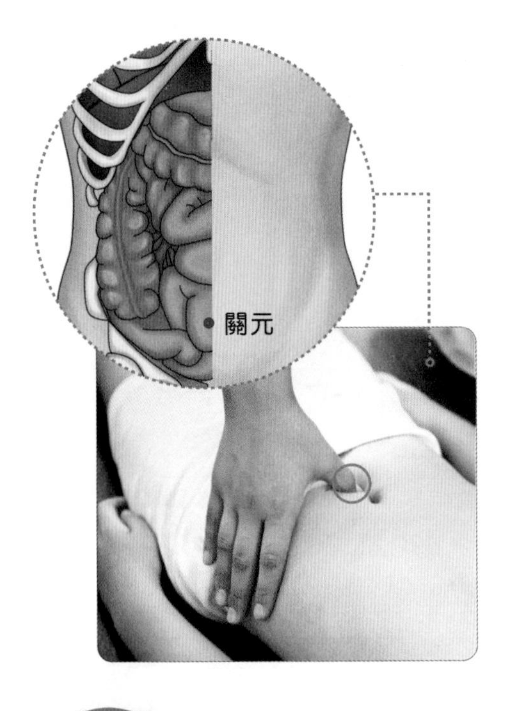

補腎經

清熱解表、瀉火除煩

精準定位 小指掌面指尖到指根成一直線。

推拿方法 用拇指指腹從孩子小指尖向指根方向直推腎經100~200次。

取穴原理 補腎經能補腎益腦、強身健體，可抵禦風寒對孩子身體的侵襲。

按揉關元

補腎固元

精準定位 臍下3寸的腹部正中線上。

推拿方法 用拇指按揉孩子關元穴50次。

取穴原理 按揉關元可補腎固本，祛除孩子腹內虛寒之氣，緩解哮喘。

小兒支氣管炎食療方

川貝性微寒、味甘，為化痰止咳的良藥，且有潤肺的功效，痰多痰少均可使用。川貝與雪梨、冰糖並用，則起化痰止咳、潤肺養陰的功效，對支氣管炎引起的久咳、痰多、咽乾、氣短乏力有良效。

川貝梨

適合年齡

1 歲以上

材料

川貝 5 克，雪梨 1 個

調味料

冰糖適量

做法

1 雪梨洗淨，從頂部切下梨蓋，再用小匙挖掉梨芯，中間加入川貝和幾粒冰糖。

2 用切好的梨蓋將梨蓋好，用幾根牙籤從上往下固定；將梨放在大碗內，加水，放鍋中燉 15 分鐘左右即可。

功效

清肺化痰。

川貝杏仁飲

適合年齡

1 歲以上

材料

川貝 6 克，杏仁 3 克

調味料

蜂蜜適量

做法

1 川貝、杏仁加水煎煮。

2 每天 2~3 次。食用時加蜂蜜調味。

功效

潤肺化痰，止咳平喘。

百合味甘、微苦，性微寒，有養陰潤肺、清心安神的功效，適用於肺虛勞嗽所致的乾咳少痰、痰中帶血，熱病後期虛煩失眠等症。現代醫學研究證實，百合有提高身體耐受能力、鎮咳平喘、祛痰、安眠等作用。

百合蜜

適合年齡

1 歲以上

材料

百合 20 克，蜂蜜適量

做法

1 百合洗淨，待乾，調入蜂蜜拌勻。

2 將調好的百合蜂蜜放入瓷碗內，隔水蒸熟即可。

功效

百合與蜂蜜同用，潤肺止咳的功效更強，能治療小兒慢性支氣管炎、咽乾燥咳。特別是寶寶入秋之後的乾咳，伴大便秘結。

蓮子百合雞蛋羹

適合年齡

1 歲以上

材料

蓮子 20 克，乾百合 10 克，雞蛋 1 個

調味料

砂糖適量

做法

1 蓮子與百合同放在砂鍋內，加入適量清水，小火煮至蓮子肉爛。

2 加入雞蛋液攪勻成蛋花，加砂糖調味即可。

功效

補益脾胃、潤肺、寧心安神。

第 8 章

支氣管哮喘

早診斷早治療，好預防

辨別症狀，找出病因

如何判斷患兒是否哮喘？

近年來兒童哮喘患病率在全球範圍內有逐年增加的趨勢，在中國大中城市，兒童哮喘患病率在3%~5%，首次發病小於3歲的兒童佔50%以上，在性別上，男童與女童的比例約為2：1。

如何判斷患兒是否是哮喘？具有以下特徵者可以考慮哮喘發作：

1. 患兒反復發作喘息、氣急、胸悶或咳嗽。
2. 發作時在雙肺可聞及散在或彌漫性的以呼氣相為主的哮鳴音，呼氣相延長。
3. 上述症狀和體徵可經治療緩解或自行緩解。
4. 其他疾病所引起的喘息、氣急、胸悶和咳嗽。
5. 臨床表現不典型者（如無明顯喘息或體徵），做支氣管激發試驗或運動激發試驗陽性者。

符合1~4條或4、5條者，可以去醫院看哮喘專科，可做血液、皮膚特殊過敏原檢測及肺功能檢查。

孩子反復咳嗽，當心哮喘

兒童哮喘的發生與呼吸道感染有一定關係，由病毒引起的感染在初期表現為上呼吸道感染症狀，較大一點的兒童發病往往較突然，常以一陣陣咳嗽為開始，繼而出現喘息、呼吸困難等。

兒童哮喘和成人不同

兒童哮喘和成人不同，儘管和過敏有很大的關係，但85%左右的兒童哮喘患者常常是因為呼吸道感染誘發或者加重病情，尤其是氣候寒冷或者劇烈變化的時候。患有哮喘的孩子一感冒，經常會出現哮喘或者哮喘加重。

怎樣的「感冒」可診斷為哮喘？

2003年世界衛生組織第3次修改了嬰幼兒哮喘診斷標準，《標準》認為，如果患兒反復感冒發展為下呼吸道感染，持續10天以上，或使用抗哮喘藥物治療後好轉，則應考慮哮喘。

除了對嬰幼兒期哮喘及時、正確地進行診斷外，目前臨床上已經在給予吸入或口服抗變態反應炎症藥物、支氣管舒張藥物、抗組胺藥及抗白三烯藥早期干預，並取得一定療效。

兒童哮喘規範療程是多久？

孩子偶爾的咳嗽和哮喘，如果家長平時不加以重視，一次發作也可能危及生命。哮喘是一種慢性氣道炎症疾病，存在反復發作的可能，兒童哮喘治療是一場持久戰，規範治療具有重要的意義。

兒童哮喘經常被忽視的一個重要原因是有些孩子的哮喘症狀會隨着年齡的增長而減輕，因此有些家長認為，孩子長大了自然就好了。其實不然，哮喘作為一種過敏性疾病，目前並不能完全根治，一旦孩子感冒或者發生過敏反應，哮喘症狀還會出現，急性發作非常危險。

標準化脫敏治療作為目前治療哮喘唯一的對因治療方法，療程一般為 3 年，患者必須有長期治療的決心和毅力，越早治療效果越好。

1. 如果只是 1~2 次出現喘息症狀，尚未確診為兒童哮喘，可使用藥物控制半個月到一個月，使病情穩定，避免再次喘息。
2. 如果診斷為可疑哮喘或者過敏性咳嗽，一般需要用藥控制 3 個月左右，然後再停藥觀察。
3. 如果確診為兒童哮喘，需長期用藥，並逐漸調整減少用量，直到最小用藥劑量能夠維持患兒半年到一年不再發作，才能夠考慮停藥。

哮喘急性發作怎麼辦？

患兒如果出現憋氣、缺氧、痰咳不出，因而坐臥不安、煩躁不安時，首要任務是安撫患兒，可讓患兒採取坐位或半臥位，以減少胸部呼吸肌的阻力，從而使呼吸通暢，並且應仔細觀察病情變化，注意每分鐘呼吸次數及脈搏數和節律，有無紫紺（皮膚或黏膜呈青紫）和出汗，並立即準備送醫院。

誘發兒童哮喘的因素

患者因素

目前研究認為哮喘具有一定遺傳性，是一種多基因遺傳病，遺傳度 70%~80%。哮喘患兒本身具有一定的特稟質，即常說的過敏體質，如果患兒患有嬰兒濕疹、過敏性鼻炎等疾病，則以後發生哮喘的比例比一般群體的患病率明顯增高。

遺傳因素

患者家族中有過敏性疾病史，主要指患者的直系親屬，如爺爺、嫲嫲、外公、外婆及父母親；如果上述親屬有過敏性疾病，則該患兒有哮喘發生的高危因素。

環境因素

環境惡化是哮喘發作的主要誘因。常見的環境誘因如下：

1. 病毒感染是誘發患兒哮喘的主要誘因。因為 2 歲以下兒童特別容易感染，春季和秋冬又是病毒感染的高發季節，應注意防護。

2. 吸入性變應原。如塵蟎、花粉、黴菌、真菌、動物皮毛、昆蟲排泄物（以蟑螂多見），以及各種刺激性氣體，如煤氣、煙霧、汽車排氣、油漆、塗料或粉塵，是誘發患兒哮喘發作的主要環境吸入性變應原。

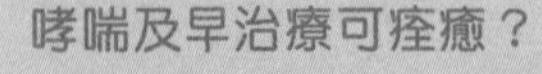

專家解答

哮喘及早治療可痊癒？

兒童時期的哮喘由於發作時間短，發作次數不多，氣道的炎症變化還處在可逆功能性改變階段，如果及時早期診斷、治療，早期給予正確的藥物進行長期持續規範治療，是完全可以治癒的。

如果小兒哮喘不定期就醫，患兒得不到及時診斷和治療，治療不規範，時斷時續，那麼氣道的炎症就會向不可逆的器質性改變發展，病情就不容易被控制，容易發展成氣道重塑或肺氣腫。

運動因素

大多數哮喘患者在持續運動後哮喘發作，劇烈的長跑最容易促使潛在性哮喘發作。

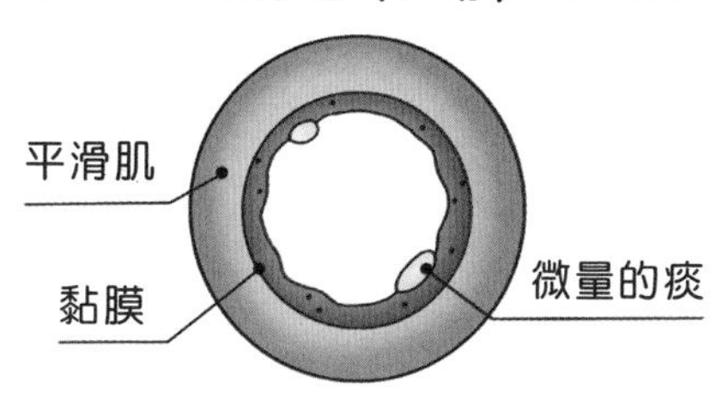

營養不均

飲食中長期缺乏鐵、鋅等微量元素，可引起免疫功能下降而誘發哮喘發作。過量攝入油脂和蛋白質，而蔬菜、水果攝入不足的孩子易患哮喘病，異蛋白是非常常見的過敏原，這也是有些家長冬季給孩子進補反而誘發哮喘的原因。

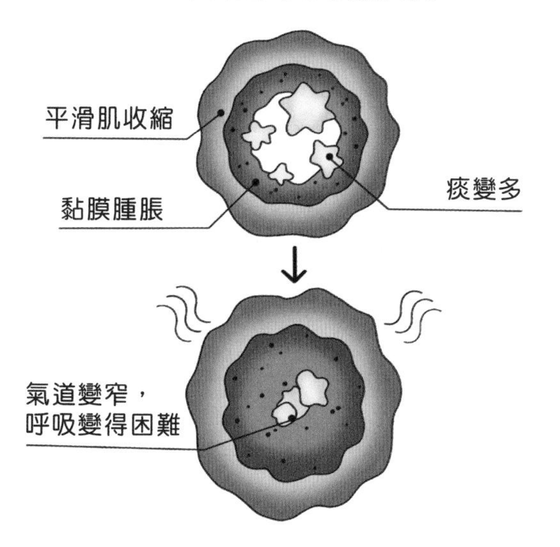

心理因素

興奮、緊張、發脾氣可促使哮喘發作，一般說來單獨的心理因素不會誘發哮喘，但哮喘也可導致心理障礙，兩者常常互為因果。

專家解答

晚間和運動後咳嗽加劇，胸悶或持續咳嗽一個月是哮喘信號？

一般發病是從流涕、打噴嚏、咳嗽等症狀開始，所以經常被誤診為呼吸道感染、支氣管炎或肺炎。如一般症狀過了 10 天不見好，或者咳嗽持續 1 個月以上，但是孩子不發燒，精神不太差，到醫院檢查血象不高，胸片正常（有時肺紋理多），晚間和運動後咳嗽加劇，胸悶、發憋，有的可在胸部聞有笛音喘息聲。如果有這些現象，排除了肺部結核感染等原因，家長要想到孩子有可能已經患了哮喘。另外，如果聞到特殊氣味（如消毒液、油煙味等）或遇冷空氣後突然咳嗽、胸悶，而離開這一環境後症狀好轉，也應考慮哮喘的可能。

媽媽如何照顧哮喘兒？

為寶寶創造舒適的生活環境

1. 家居環境要清潔、舒適，空氣新鮮，溫度適宜，陽光充足，禁止吸煙。
2. 不要擺放新近油漆的傢具；不要隨意放置花草。
3. 床單被褥及枕頭要常曬洗，儘量避免使用皮毛、羽絨或化纖等物品。
4. 內衣褲要選擇棉織品。
5. 桌上、床下等處的灰塵要經常打掃，打掃時採用濕式清掃法或使用吸塵器。
6. 家裏不要養貓、狗、兔子等小動物。
7. 不要在孩子的生活場所擺放油漆、化學藥品、汽油及有濃烈氣味的化妝品。
8. 不要在孩子面前抖麵粉袋、拍打灰塵、拆毛衣等。另外，新裝修的房子要通風晾曬 3~6 月，才能入住。

飲食上注意的問題

哮喘患兒飲食宜清淡，應多吃溫和、易消化的食物。少食熱、辣、冷、鹹、過甜、油膩的食品。

蛋白質高的食物雖有營養，但別忽視有些蛋白質也是導致過敏的原因。易引起過敏的食物有雞蛋、乳製品、腰豆、花生等，需注意。多吃新鮮蔬菜及水果，如白蘿蔔、紅蘿蔔、青菜、絲瓜、蘋果、梨等。不宜食用易產氣的食品，如薯仔、韭菜、蒜頭等。

還應多吃富含維他命 C 的食物，如柑橘、橙、番茄、菠菜、白菜等，以增強抗病能力。

部分哮喘兒童應忌食海鮮，如蟹、蝦、帶魚、黃魚等。芒果、菠蘿、麥麩等易致敏的食物也要慎食。

避免接觸5類過敏原

吸入性過敏原

最主要的是從呼吸道吸入的塵蟎。約80% 的哮喘發作與這種附着在灰塵上的蟎蟲有關。它們常在空中飛揚，飄浮很久，不斷地被孩子吸入。這種蟎蟲我們憑肉眼看不到，所以預防有難度。

攝入性過敏原

隨食物進入口腔。容易引發過敏的食物有牛奶、魚蝦、雞蛋（蛋白）、腰豆、腰果、花生、菠蘿、含香料的食品、小麥食品等，它們大多數屬異蛋白質類或有皮膚刺激性的食品。

接觸性過敏原

包括化妝品、磺胺軟膏、樟腦、酒精、碘酒、紅汞、橡膠、塑料玩具等。

感染性過敏原

常見的有肺炎鏈球菌、流感嗜血桿菌、肺炎克雷白桿菌、金黃色葡萄球菌、溶血性鏈球菌、腺病毒、呼吸道合胞病毒、副流感病毒等，它們是導致5歲以下兒童哮喘發作的禍首。

物理性過敏原

過敏體質的孩子往往對「冷」也會過敏，一旦遇到冷空氣、冷風，就會促使過敏發作。目前已證明，冷空氣是導致哮喘發作的重要原因，每年秋季冷空氣南下時，哮喘發作的孩子會明顯增多。

教寶寶做呼吸功能鍛煉

哮喘反復發作可影響肺功能，因此居家期間的呼吸功能鍛煉非常重要。在進行呼吸運動之前，應先清除呼吸道分泌物。

腹部呼吸運動

1. 站立，雙手平放在身體兩側。
2. 用鼻連續吸氣並放鬆腹部，但胸部不擴張。
3. 縮緊雙唇，慢慢吐氣直到吐完。
4. 重複以上動作 10 次。

向前彎曲運動

1. 坐在椅子上，背伸直，頭向前向下低至膝部，使腹肌收縮。
2. 慢慢抬起上半身，並由鼻吸氣，擴張上腹部。
3. 胸部保持直立不動，由口將氣慢慢呼出。
4. 重複以上動作 10 次。

胸部擴張運動

1. 坐在椅上，將手掌放在左右兩側的最下肋骨上。
2. 吸氣，擴張下肋骨，然後由口呼氣，收縮上腹部和下肋骨。
3. 用手掌下壓肋骨，可將肺底部的空氣排出。
4. 重複以上動作 10 次。

預防寶寶哮喘，為媽媽分憂

預防小兒哮喘三步驟

第一階段

懷孕～出生前

哮喘預防必須從胎兒期開始，因為胎兒的過敏體質或過敏性疾病大多與父母的過敏體質和過敏性疾病密切相關，所以必須從母親孕期開始做起。

首先，父母尤其是母親必須戒煙。

其次，孕媽媽要避免與可疑或已知的過敏原接觸；忌食導致過敏的食物，如魚、蝦、蟹、小麥製品等。

第三，孕媽媽一旦感染病毒或患過敏性疾病，如過敏性鼻炎、蕁麻疹等，需禁用如三氮唑核苷（病毒唑）或阿昔洛韋等抗病毒藥物，或苯海拉明、異丙嗪等抗過敏藥物。因為這些藥物可通過胎盤直接影響胎兒發育，尤其是懷孕初期的前 3 個月不能服用。

第二階段

0~2 歲內

新生兒出生後應提倡母乳餵養，因為人工餵養的嬰幼兒患過敏性疾病的概率比母乳餵養的嬰幼兒高。

哮喘具有明顯的家族性遺傳傾向，對於有家族性過敏性鼻炎或哮喘病史的新生兒，在其出生後要密切注意過敏性鼻炎及哮喘的一些早期症狀，如鼻癢、眼癢（表現為揉搓眼鼻）、乾咳、嗆咳等，還要注意是否有濕疹。應及時到醫院請專科醫師或專家診治，做到早期診斷、早期治療，以減少哮喘病的發生。

第三階段

>2 周歲

室內、室外環境與孩子的健康關係密切。首先，要避免接觸過敏原，如塵蟎、真菌、花粉、動物皮毛及排泄物。其次，避免空氣污染，如刺激性氣體、毒物、油漆、汽油等有毒氣體及化學物質。

孕媽媽注意補充維他命 E

如果父母均沒有家族遺傳性哮喘病史，其實並不需要太擔心寶寶會患上哮喘病。孕媽媽在懷孕期間多補充一些含維他命 E 的食品，少接觸花粉，尤其是不要吸煙。另外，勤打掃居室內的灰塵，撤去地毯，保持環境清潔、通風，這樣寶寶將來患上哮喘病的可能性會減少很多。

堅果富含維他命 E，比如核桃、花生、葵花籽等都是不錯的選擇。平時飲食中注意適當攝入這些食物，是降低哮喘的好方法。

預防病毒性呼吸道感染

病毒性呼吸道感染，是誘發哮喘的重要原因，應特別注意預防。

1

在流感病毒、副流感病毒、呼吸道合胞病毒流行的季節，哮喘患兒應儘量避免去公共場所。

2

家人患有呼吸道感染疾病時，應注意隔離。

3

有細胞免疫功能低下或容易感冒時，可使用免疫調節劑預防。已有呼吸道感染時，要積極治療，以免誘發哮喘。

清除或減少家中的塵蟎

改善居住環境對預防過敏性哮喘也很重要。研究證明，孩子的塵蟎特異性 IgE（幫助確診塵蟎過敏）陽性率主要與居室的地板和床上用品有關，特別是密封性好的鋼筋水泥結構住宅，其塵蟎特異性 IgE 陽性率明顯升高。所以家長要儘量保持室內通風。

保持室內環境的清潔，可防止或減少蟎蟲繁殖及兒童哮喘的發生。

1

最好用熱水燙洗床單、毛毯等，每周一次，烘乾或在太陽下曝曬。患病孩子的內衣洗滌後最好用開水燙燙，以減少蟎蟲滋生。

2

床上用品最好不用毛織品，臥室內不要鋪地毯、草墊，傢具力求精簡潔淨，不掛壁毯、字畫，避免使用呢絨製作的軟椅、梳化和窗簾。

3

動物皮毛、黴菌孢子等都有可能成為誘發孩子過敏性疾病的罪魁禍首，家長一定要做好防護工作。

多吃燕麥少患哮喘

國外研究報告指出，如果小孩多吃燕麥，那麼他們患哮喘的危險就會降低。美國農業部研究發現，嬰兒時期就吃燕麥的兒童比等到 5 歲才開始吃的兒童更少患哮喘或者過敏性鼻炎。

寶寶 6 個月大之後，可以餵養燕麥米粉；1 歲後可以用純燕麥片煮牛奶，既營養又可口；2 歲後可用燕麥和其他食物做八寶飯，做之前用水浸泡 1 小時，煮熟後當主食。

讓孩子愛上游泳，鍛煉心肺功能

醫學界通過長期追踪觀察發現，游泳很適合哮喘患兒，該項運動能大大增加肺活量，改善患者的肺部呼吸功能。不過，兒童在室內游泳池游泳易使哮喘發作，與兒童在室內游泳館接觸過多的含氯消毒劑有關（「天然游泳池」可以避免這種情況發生），值得引起注意。

兒科醫生常用的綠色療法

爸媽巧用推拿，為孩子補肺益腎

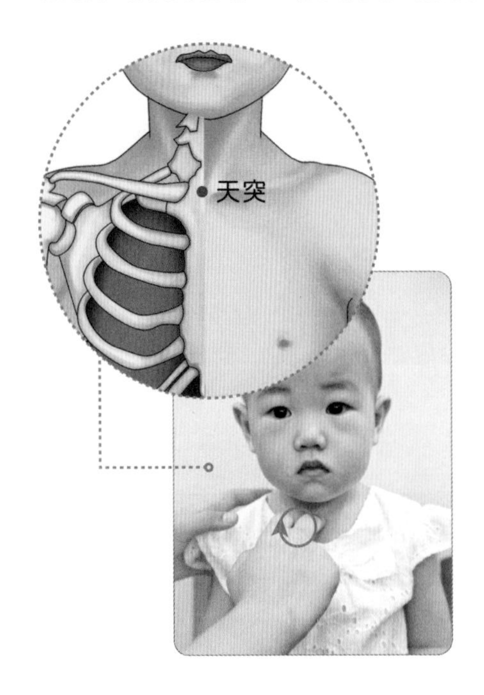

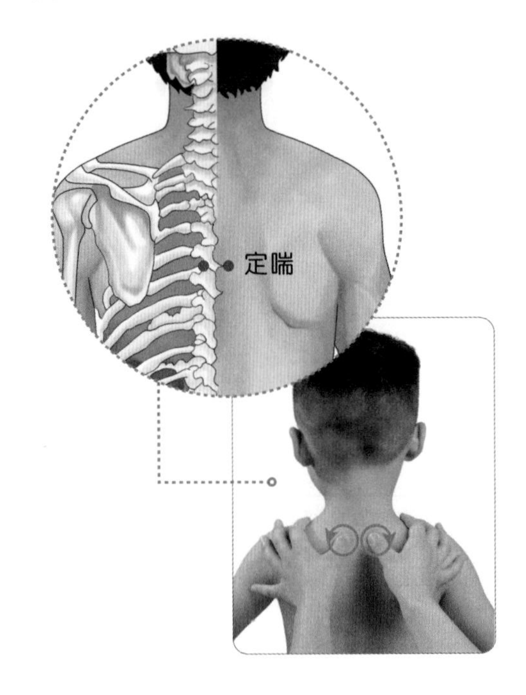

按揉天突　定喘止咳

精準定位　胸骨上窩正中。

推拿方法　用中指指端按揉孩子天突穴 30~60 次。

取穴原理　按揉天突可利咽宣肺、定喘止咳。主治孩子咳嗽、氣喘、胸痛、咽喉腫痛、打嗝等。

按揉定喘　止咳平喘

精準定位　在背部，在第七頸椎棘突下，旁開 0.5 寸。

推拿方法　用拇指指腹按揉孩子定喘穴 200 次。

取穴原理　定喘穴有止咳平喘、宣通肺氣的功效，對於孩子支氣管哮喘、支氣管炎有良好的調理作用。

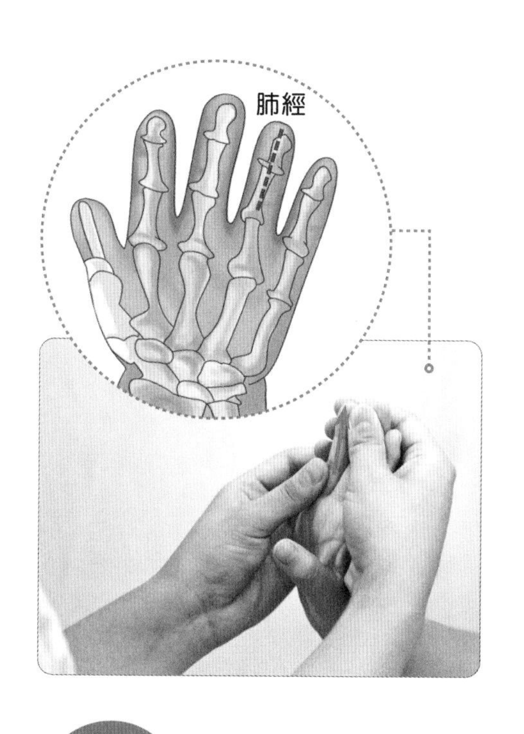

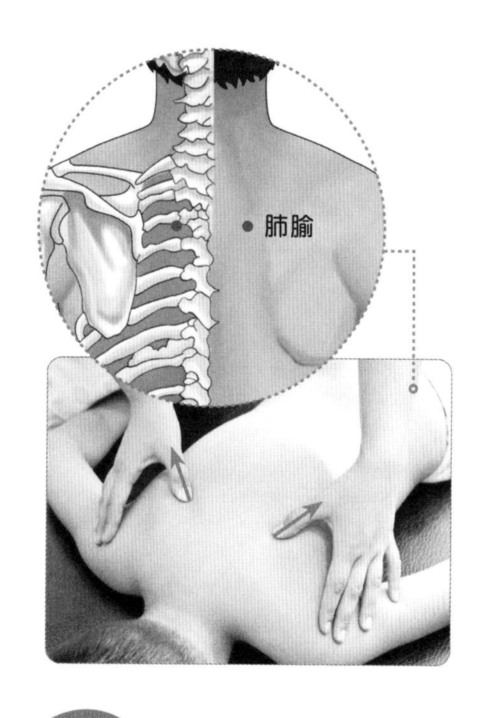

清肺經 宣肺清熱

精準定位 無名指掌面指尖到指根成一直線。

推拿方法 用拇指指腹從孩子無名指根部向指尖方向直推50~100次。

取穴原理 清肺經可宣肺清熱、止咳平喘，對孩子支氣管哮喘有很好的調理作用。

推肺腧 補肺益氣

精準定位 第三胸椎棘突下，旁開1.5寸，左右各一穴。

推拿方法 兩拇指分別自孩子肩胛骨內緣從上向下推動100~200次，叫推肺腧，也叫分推肩胛骨。

取穴原理 補肺益氣，止咳化痰。主治孩子氣喘、咳嗽、鼻塞、盜汗、便秘等。

小兒哮喘食療方

寒喘：表現為咳嗽、氣喘、流清涕，痰稀而色白、多泡沫，四肢冷、面色蒼白。

杏仁核桃薑汁

適合年齡

7 個月以上

材料

甜杏仁 12 克，核桃肉 30 克，薑汁適量

做法

將所有材料混合搗爛，燉服。

功效

有止咳化痰、平喘作用。

生薑紅棗粥

適合年齡

1 歲以上

材料

薑絲 10 克，紅棗 5 粒，糯米 30 克

做法

1 糯米淘洗乾淨後，用清水浸泡 1 小時。

2 砂鍋裏放適量清水，放入糯米、紅棗，大火煮開，下入薑絲，改小火煮至糯米爛熟即可。

功效

有平喘溫肺的作用。

熱喘：小兒熱喘多於寒喘，表現為咳嗽喘鳴、痰黃稠、咽乾紅、口渴多飲、大便乾結。

白蘿蔔番茄汁

適合年齡
7 個月以上

材料

白蘿蔔 50 克，番茄 100 克

做法

1. 將白蘿蔔洗淨，去皮，切成小丁；番茄洗淨，去皮，切丁。
2. 將白蘿蔔丁、番茄丁放入果汁機中，加入適量飲用水攪拌成汁即可。

功效

白蘿蔔汁清肺熱、止咳化痰；番茄健脾養肺，提高身體抵抗力。

蘿蔔汁燉豆腐

適合年齡
1 歲半以上

材料

白蘿蔔 30 克，豆腐 50 克

調味料

砂糖 3 克

做法

白蘿蔔洗淨，去皮，榨汁，與豆腐同煮 5 分鐘（開鍋計），加入砂糖食用。

功效

清熱化痰。

虛喘：喉中哮鳴聲低，氣短息促，動則喘甚，自汗怕風，咳痰清稀色白，乏力倦怠，腰酸腿軟，畏寒肢冷，心慌等。

棗蓉核桃糊

適合年齡
1 歲以上

材料

紅棗 100 克，核桃 50 克，糯米粉適量

做法

1 紅棗洗淨，蒸熟，去核，做成棗蓉；核桃去皮，搗成蓉狀；糯米粉加水，製成糯米糊。
2 鍋置火上，倒入適量清水，放入棗蓉、核桃蓉攪拌，煮沸後用小火慢慢熬煮，將糯米糊緩緩倒進鍋內，慢慢攪動成糊狀即可。

功效

健脾胃，補肺腎，平虛喘。

核桃燉烏雞

適合年齡
2 歲以上

材料

烏雞 100 克，核桃仁 30 克，杞子、銀杏各 10 克

調味料

薑片、鹽各適量

做法

1 烏雞洗淨、切塊，放入沸水鍋去掉血水，瀝乾，切成小塊。
2 將核桃仁、杞子、銀杏、薑片、烏雞放入砂鍋內，倒入清水，用大火煮沸，撇去浮沫，改用小火燉至烏雞肉熟爛即可。

功效

溫肺平喘，補腎補虛，化痰止咳。

小兒哮喘規範化用藥指導

分期用藥知多少

對於確診的哮喘患兒，需要進行規範的長期藥物控制，這類藥物主要有兩類：一是口服的抗白三烯藥，能夠控制氣道炎症病變，使用比較簡單，療效也不錯；二是藥效更強的吸入激素類藥物，控制氣道高反應的效果更好，而且藥物被直接吸入呼吸道裏，效果直接，不良反應也比較輕微。

哮喘緩解期用藥

治療目的：

預防哮喘發作。哮喘的發作是突然發生的，但小氣道的炎症是長期持續存在的。因此，需要長期抗過敏治療。

即使哮喘發作得到控制，暫無喘息症狀，仍然需要每天堅持服用預防性藥物。

哮喘發作期用藥

治療目的：

終止哮喘發作。及早控制，使哮喘發作對小氣道造成的破壞降至最低。

藥物的主要作用是舒張小氣道、抗過敏、解除呼吸困難，達到平喘的目的。

當心觸碰用藥謬誤

多吃抗生素

哮喘是一種非特異性炎症，治療要用抗變態反應的藥物和舒張支氣管的藥物，由過敏引發的哮喘要用抗過敏藥，達到平喘、解痙、止咳的作用。但是哮喘患兒常常過多服用抗生素，或所謂的消炎藥。即使是重度哮喘患兒，只要不發燒、沒有肺炎及其他細菌感染，就不必使用抗生素。

需要注意的是，在兒童哮喘中，有 1/3 是只咳不喘的，叫作「咳嗽變異性哮喘」，很容易被誤診為支氣管炎。因此，家長千萬不要隨便給孩子使用抗生素和止咳糖漿來自行治療。患兒最好在醫生的指導下用藥，否則不利於康復。

哮喘緩解期不使用吸入激素

吸入性糖皮質激素，是目前治療小兒哮喘最有效的藥物，以定量氣霧劑、乾粉劑或溶液吸入。這種吸入激素的治療方法，激素用量很小，一天的吸入量一般不超過 400 微克，而且藥物可以直接作用於氣道病變部位，全身吸收很少，不良反應非常小。

需要注意的是，多數患兒需要長年使用吸入激素，才能控制住哮喘的發展，絕不能治治停停，因為氣道炎性反應是持續存在的，只是發作期加重，緩解期減輕。只有持續使用局部激素治療，才能真正消除氣道炎症，這個過程通常是 3~5 年。但是也有一些輕症患兒，採取發作期季節性治療，即可達到很好的效果。

喘了就用氨茶鹼

氨茶鹼（Aminophylline）是臨床常用的治療哮喘、氣管炎、慢性支氣管炎的有效平喘藥物之一，藥理作用主要是緩解支氣管痙攣，此外還有促進排痰、增強膈肌收縮功能和改善心、腎功能等作用。

對於小兒來說，使用氨茶鹼治療哮喘更易發生中毒現象，主要是因為小兒排泄和解毒功能尚未完善，藥物在體內清除率低。

小兒服用氨茶鹼的劑量應按體重來計算，每次只能服 1/4 或 1/6 片。若一次服用超過 5~6 毫克 / 千克體重，0.5~1 小時內即可出現中毒反應。一旦出現煩躁不安，就應引起高度的警惕，切勿大意，以便在藥物中毒的初期（早期有厭食、噁心、嘔吐、煩躁不安、發燒、出汗等表現）及時停藥和採取救治措施。

第 9 章

鼻炎

有鼻炎的寶寶「傷不起」

辨別症狀，找出病因

觀鼻涕，辨鼻炎

甚麼是鼻炎

鼻炎是鼻黏膜或黏膜下組織因為病毒感染、細菌感染、刺激物刺激等，導致鼻黏膜或黏膜下組織受損，所引起的急性或慢性炎症。鼻炎導致產生過多黏液，通常引起流涕、鼻塞等症狀。

小兒鼻炎的常見類型

一般來說，小兒鼻炎是兒童常見病，而且很容易被家長忽視，抵抗力強的孩子可能很快就能自癒；但抵抗力弱一些的孩子很可能會由急性轉為慢性，這就需要家長仔細甄別鼻炎的類型，並採取相應的治療手段，幫助孩子緩解鼻炎的痛楚。如果不去治療，小兒鼻炎很可能會加重，引發一系列的問題。

急性鼻炎

由病毒感染所致。

特徵：初期由於鼻黏膜血管充血擴張，腺體分泌增加，流清水樣鼻涕，3~5 天後黏膜的滲出物淤積於黏膜表面，形成膿性黏液分泌物，是白色的黏稠鼻涕。

過敏性鼻炎

是變態反應性疾病。由於接觸過敏原造成的，發病快，恢復也快。

特徵：主要表現為陣發性噴嚏連續性發作、鼻塞、鼻癢、流大量清水樣鼻涕。尤其是清晨起床時易發作，白天頻頻流涕，晚上鼻塞，睡眠不佳，嚴重影響孩子身心健康。

乾燥性鼻炎

多發生在冬、春季，氣候乾燥引起鼻黏膜改變，誘發乾燥性鼻炎。

特徵：鼻腔黏膜乾燥不適，分泌物相當少。一般不流鼻涕，由於鼻內乾燥有癢感，孩子常挖鼻孔，有時鼻涕中帶血絲。

慢性鼻炎

多為急性鼻炎反復發作或治療不徹底轉化而成，是鼻腔血管的神經調節功能紊亂引起的。

特徵：以黏膜腫脹、分泌物增多為特點。鼻涕多為白色和黃色膿涕，持續時間較長，伴鼻塞和頭痛，並且感冒後症狀加重。

肥大性鼻炎

鼻塞更加嚴重，鼻部通氣困難，常常張口呼吸，因張口呼吸而刺激咽喉出現咳嗽、鼻部脹痛。

特徵：症狀長期存在，鼻甲肥大，充血腫脹非常明顯，甚至出現鼻中隔偏歪。

鼻炎讓寶寶很「痛苦」

寶寶患鼻炎，一般來說，會出現鼻癢、打噴嚏、流涕、鼻塞等症狀，有時還可能伴有嗅覺減退。

12 個月以內的寶寶

以鼻塞為主，寶寶經常揉鼻子，有時伴有腹痛、腹瀉。

1~3 歲的寶寶

多為流鼻涕、打噴嚏，尤其是早晨剛起床時症狀更加明顯。

3 歲以上的寶寶

除了有流鼻涕、鼻塞、打噴嚏的症狀，還會表現出情緒煩躁、睡眠不好等症狀。

因此，寶寶一旦出現流鼻涕、打噴嚏，用藥不見好轉的情況，家長需要密切關注寶寶的病情，及時去醫院就診。

小兒急性鼻炎警惕 6 大併發症

小兒急性鼻炎應及時治療，如果感染直接蔓延及不恰當的處理方法，感染可向鄰近器官擴散，產生各種併發症，嚴重危害兒童身體健康。

小兒急性鼻竇炎

由於鼻竇開口位於鼻道，細菌進入到鼻竇，引起急性鼻竇炎。

小兒急性非化膿性中耳炎

由於鼻咽部咽鼓管口的黏膜充血腫脹，引起非化膿性中耳炎，產生耳內脹悶、閉塞感，聽力減通，或有耳鳴，以及鼓室積液。

小兒急性化膿性中耳炎

急性鼻炎有可能引起急性化膿性中耳炎，出現耳內劇痛，或有明顯發燒，然後耳內流黃膿，耳流膿後，發燒與耳痛等症狀則明顯減輕。

小兒氣管炎與肺部感染

急性鼻炎極易引起氣管炎或肺部感染，發燒症狀明顯，咳嗽症狀加重，精神不振，肺部出現羅音。

小兒急性喉炎

急性鼻炎可以伴有急性喉炎，或引起急性喉炎。急性喉炎的症狀主要是聲音嘶啞或沙啞，講話時語音不清亮，可伴有咽喉癢感、咳嗽。如果 3 歲以內小兒出現急性喉炎或急性聲門下喉炎，可出現喘息、喉中痰鳴。

小兒急性咽喉炎

急性鼻炎可以伴有急性咽喉炎，或引起急性咽喉炎。出現咽喉疼痛，吞咽時加重，或有咽喉不適感、咳痰、咽喉中有「吭喀」聲、咳嗽。

鼻炎和感冒如何區分？

鼻炎發作時的症狀與感冒初期的症狀往往比較相似，很多患者因此而延誤病情。根據以下四點，可以對過敏性鼻炎和感冒做出判斷：

有否發燒

如果發燒明顯，基本上不是過敏性鼻炎。

周圍人是否有相同症狀

如果周圍人都有類似的感冒症狀，則不會是過敏性鼻炎。

打噴嚏次數

如果噴嚏不是陣發性的，基本不會是過敏性鼻炎。

患病時間長短

感冒通常 1~2 周就能痊癒，而過敏性鼻炎常年反復發作。

引起小兒鼻炎的常見原因

寶寶患鼻炎一般是由多種因素引起的，最常見的因素有以下幾個：

家族遺傳

有過敏性家族遺傳病史的寶寶比普通寶寶的病發率要高出很多，很容易引發過敏性鼻炎。這種遺傳並不是遺傳過敏性鼻炎，而是遺傳過敏體質。

感冒

寶寶在玩耍時出汗過多、受涼受濕，很容易導致感冒，出現急性鼻炎症狀，如果治療不及時，就會演變成慢性鼻炎，反復發作。

用藥不當

孩子如果鼻塞，有的家長會給孩子使用鼻噴劑，長期刺激鼻腔，也容易誘發小兒慢性鼻炎。

抵抗力差

小兒的抵抗力比較差，免疫系統發育不完善，容易被病菌侵犯而引起慢性鼻炎等疾病。

過敏原

過敏體質的孩子吸入或食入了過敏原，就會馬上引發過敏性鼻炎，對於此病的治療是降低鼻腔神經的敏感性，藥物無法治癒，重要的是避免接觸過敏原。

媽媽如何照顧鼻炎寶寶？

給過敏體質寶寶添加輔食，要晚點慢點

隨着日益變化的環境，現在過敏體質的孩子越來越多，這類孩子患過敏性疾病的可能性也會增大。而過早添加輔食，容易引起過敏症，這是因為寶寶在6個月之前，腸道通透性較強，屏蔽作用差，許多異蛋白物質會進入血液。6個月之後，成熟的腸道能分泌免疫球蛋白，在腸道形成保護膜，可防止大部分過敏原通過。所以很多孩子的過敏都和過早添加輔食有關。

如何判斷寶寶可能具有過敏體質

- **感染性過敏原**
  - 若父母均有過敏史，則寶寶可能是過敏體質。
  - 家庭成員如祖父母、外祖父母或兄弟姐妹有過敏性疾病史，如過敏性鼻炎、過敏性濕疹等。
- **物理性過敏原**
  - 用牛奶餵養的嬰兒，其過敏性疾病患病率較母乳餵養兒高。
  - 食用易過敏的食物，如海鮮類食物，會出現蕁麻疹、濕疹等過敏反應。
  - 清早起床時，季節變換時，孩子有揉眼睛、揉鼻子等行為。

合理添加輔食防過敏

- 堅持母乳餵養，至少餵 6 個月。
- 6 個月開始添加輔食，若有過敏家族史的嬰兒最好推遲 1~2 個月添加，且添加速度要慢，輔食品種也不宜過多。
- 家族有過敏史，1 歲之前應避免攝入魚、蝦、蟹等以及含有過多食品添加劑的食物。
- 過敏體質的孩子，在加魚蝦類食物時要格外小心。1 歲後可從一種食品少量開始，緩慢逐漸增加，然後再逐漸增加食物的品種。如 1~2 周可吃蝦 1~2 隻，第 3~4 周吃 3~4 隻，如此逐步增加食物的量和品種，達到脫敏作用。

添加輔食要避免易致敏食物

易致敏食物	處理方法
桃子、柑橘類、草莓、奇異果、番茄、車厘子、芒果、菠蘿、椰子	如發現明顯過敏，要避免或延遲添加，可嘗試 1 歲後開始少量食用。
四季豆、蠶豆、青豆、大豆、粟米	如發現明顯過敏，要避免或延遲添加，可嘗試 1 歲後開始少量食用。
小麥（麵粉）、麥麩	小麥過敏較為常見，麵粉製品通常在 8 月齡前後嘗試添加。
酵母	酵母過敏也較為常見，通常在 10 月齡甚至 1 歲後嘗試添加。
蛋白、乳製品	蛋白比蛋黃易引起過敏，蛋白可延後至 1 歲後試加；若對鮮奶、芝士和乳酪過敏，可延至 1 歲後試加。
魚、蝦、螃蟹、貝類	海鮮類容易引起過敏，最好在 1 歲以後開始試加，先從白肉魚（大部分淡水魚）開始，再加紅肉魚（如三文魚、金槍魚等），再加青肉魚（如秋刀魚）、蝦、蟹等，如發現過敏應延遲添加。
堅果類、糖果、餅乾、飲料、醃製食品	堅果也易引起過敏，給孩子食用堅果時，要以蓉或醬的形式，防止孩子整粒攝入引起嗆咳。發現過敏時，立即停止食用，延到 2 歲以後再試加。大部分糖果、餅乾、飲料等零食都含有添加劑，儘量不要給孩子食用。

給寶寶清理鼻腔別犯這些錯誤

孩子患了鼻炎，會有鼻塞、流鼻涕、鼻乾、鼻癢等症狀，家長要注意加強護理，幫助孩子緩解鼻部不適，摒棄壞的習慣，做好寶寶鼻部清潔。

擤鼻涕

兩側鼻孔同時用力

擤鼻涕方法不對會使鼻腔黏液充滿鼻竇，使鼻竇變成病菌滋生的溫床。

擤鼻涕的正確方法：堵住一側鼻孔，擤另外一側，並交替進行。擤鼻涕後的紙巾馬上用馬桶沖走或扔到密閉垃圾桶內。

挖鼻孔

可能導致顱內感染

挖鼻孔幾乎是很多孩子都有的一個習慣，挖鼻孔一方面會損傷鼻黏膜，手上的細菌、病毒可能造成局部的毛囊炎。由於鼻部處於「危險三角區」內，如果炎症控制不好，有可能侵入顱內，最好戒除挖鼻孔的壞習慣。

吞咽鼻涕

容易刺激咽喉和腸胃

鼻涕中含有塵土、細菌等有害物質和過敏原，咽下時會對咽喉部黏膜造成刺激，引起咳嗽，長期如此會引發慢性咽喉炎。吞咽到胃腸中的細菌和病毒也會對胃腸黏膜產生刺激，引起疾病。

改善鼻炎症狀的 3 個妙招

熱敷法緩解鼻塞

將 2~3 塊毛巾用水浸濕、加熱。待溫度合適後將毛巾放在前額、鼻部以及頭部兩側，待溫度下降變涼後更換熱毛巾外敷，連續 30 分鐘。

搓鼻翼法

用兩手食指或中指，搓鼻翼到微微發熱，每天 10~30 分鐘，每天 2~4 次。

用艾葉水泡澡

3 歲以內用艾葉 50 克，3 歲以上用 100 克，先將洗澡水燒開，加入艾葉後煮沸 2~3 分鐘，將鍋離火，加蓋待出藥味，待藥湯溫度適宜時倒入盆中，泡澡並清洗患兒全身，洗後及時穿衣，令出微汗，避免着涼。每日一次。

預防寶寶鼻炎，為媽媽分憂

過敏體質的寶寶遠離過敏原

引起小兒過敏性鼻炎的過敏原

0~2 歲

雞蛋、牛奶等蛋白質含量豐富的食物；室內塵蟎等。

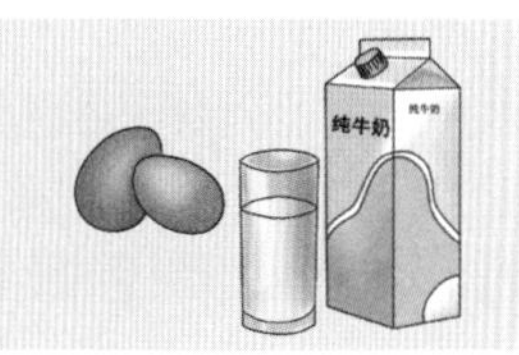

2~4 歲

魚、堅果、奶製品等食物；室內的塵蟎和毛髮；屋內的衛生死角、地毯等處。

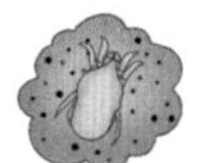

4 歲以上

室外的花粉、楊柳絮、灰塵等。

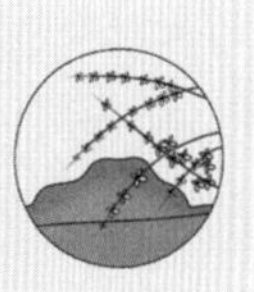

其他

一些刺激性物品，如煙、油漆、除臭劑以及空氣污染物等也可誘發過敏性鼻炎。

避開過敏原，能緩解過敏性鼻炎

過敏性鼻炎的發作在孩子中比較常見，但也不是每個孩子都會出現。首先孩子本身是過敏體質，再接觸到過敏原，就會出現過敏症狀。

另外，孩子過敏體質的強弱也與過敏性鼻炎發作的頻率和嚴重程度相關，如果弱過敏體質的孩子，在環境中就要接觸較多的過敏原才會引起過敏性鼻炎發作；強過敏體質的孩子，他所在的環境之中並不需要存在太多的過敏原，也能引起過敏性鼻炎。

所以，一方面要增強孩子體質，另一方面要儘量避免接觸過敏原，以避免或者減輕孩子的過敏性鼻炎的症狀。

補充維他命C，減少鼻炎復發

維他命C有緩解過敏性鼻炎症狀的作用，可以給孩子多食芥菜、椰菜花、苦瓜、番茄、奇異果、草莓、柑橘等富含維他命C的蔬果。但對某些蔬果過敏者應避免食用導致自己過敏的品種。

過敏性鼻炎的發病機理

異物（抗原）侵入體內。

▼

體內產生與抗原相對應的抗體。

▼

二者結合出現抗原、抗體反應。

▼

釋放出的組胺可刺激副交感神經，使其功能異常活躍，從而出現打噴嚏、流鼻涕、鼻癢等過敏性鼻炎的症狀。

▼

維他命C在體內能夠抑制組胺的生成。

▼

改善毛細血管通透性，減少組織液的滲出，從而減輕症狀。

多曬太陽，少吹冷氣

有利於防寒保暖的生活習慣

春秋兩季，天氣不冷不熱，可以養成孩子早睡早起的習慣，每天戶外活動至少2小時，注意鍛煉身體，增強體質。

冬天多曬太陽，及時給孩子增添衣物，防寒保暖。曬太陽溫陽又散寒，可以每天帶孩子曬太陽1~2小時，曬太陽時可背對太陽，感受太陽光曬在頭頂和後背溫熱而舒服的感覺。

夏天少吹冷氣，注意保護孩子的腹部，避免受涼。戶外活動時避免太陽直射的地方，多喝水，多運動，出汗後用溫水洗澡，同時也要防止暑熱，可少量吃一些解暑的食物，如綠豆湯、梨等，與溫性食物的比例是3:7，不要過多。

飲食溫熱易消化，不過寒

要注意少吃雪條、雪糕等冷食，尤其是冬天，要多吃溫熱的食物。

避免食用蠔、花生、小麥、蛋黃等易過敏的食物。

多食用富含維他命的蔬果。

兒科醫生常用的綠色療法

爸媽巧用推拿，趕走寶寶鼻炎

鼻炎很難治，但是可以通過小兒推拿來緩解症狀，特別是小兒過敏性鼻炎初期，可以通過小兒推拿減緩過敏性鼻炎的症狀。

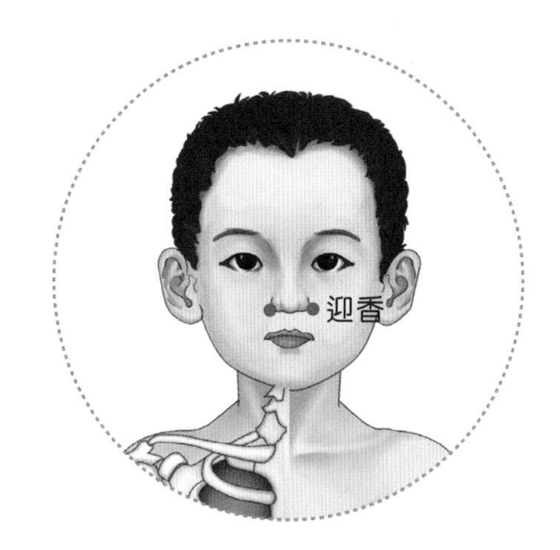

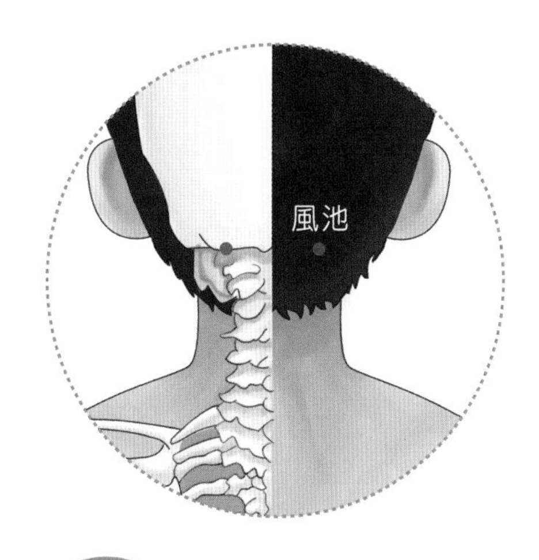

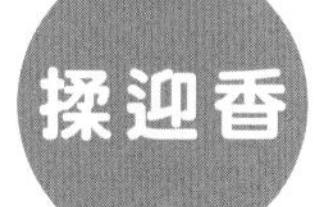

宣通鼻竅、疏散外邪

精準定位 鼻翼外緣，鼻唇溝凹陷中。

推拿方法 用食中兩指分按兩側迎香穴，揉 20~30 遍。

取穴原理 宣通鼻竅。用於孩子鼻塞流涕、口眼歪斜，也用於感冒或慢性鼻炎引起的鼻塞流涕、呼吸不暢。

推抹風池　疏風解表、清利頭目

精準定位 沿脊柱向上，入後髮際上 1 橫指處即是風府穴；後頭骨下兩條大筋外緣陷窩中，與耳垂齊平處即是風池穴。

推拿方法 中指按在督脈的風府上，食指、無名指分別按在兩側的風池上，自上而下推抹 50~100 遍。

取穴原理 推抹風池穴，能夠有效祛除風邪對鼻黏膜的侵襲，緩解孩子因過敏引起的鼻炎。

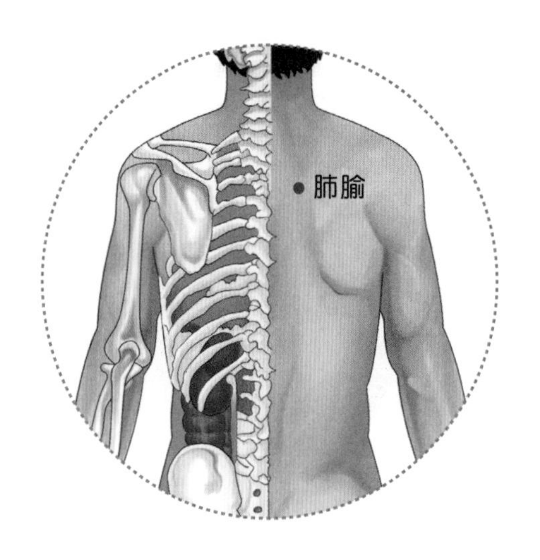

推肺腧　補肺益氣、止咳化痰

精準定位　第 3 胸椎棘突下，旁開 1.5 寸，左右各一穴。

推拿方法　兩拇指分別自孩子肩胛骨內緣從上向下推動 100~200 次，叫推肺腧，也叫分推肩胛骨。

取穴原理　補肺益氣，止咳化痰。主治孩子氣喘、咳嗽、鼻塞、盜汗、便秘等。

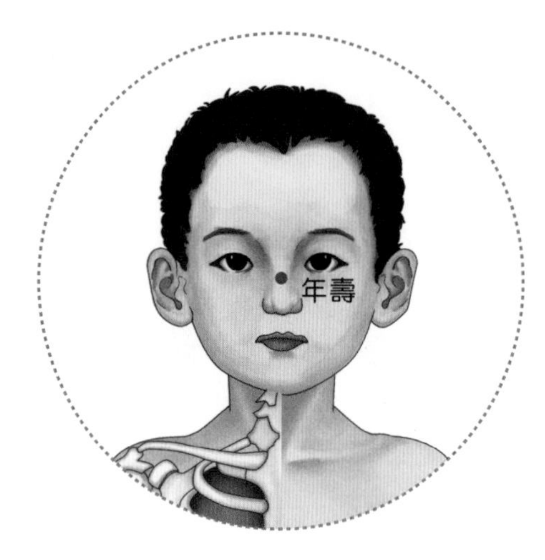

掐推年壽　改善鼻炎症狀

精準定位　鼻上高骨處，準頭上。

推拿方法　一手扶孩子頭部，以另一手拇指指甲掐年壽穴稱為掐年壽，掐 3~5 次；以兩手拇指指腹自年壽穴向兩鼻翼分推，稱為分推年壽，分推 30~50 次。

取穴原理　用於孩子鼻乾、感冒鼻塞、慢驚風等。

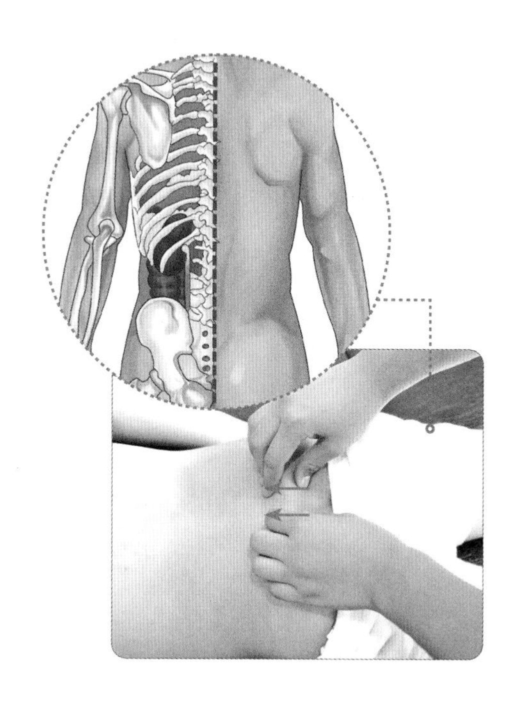

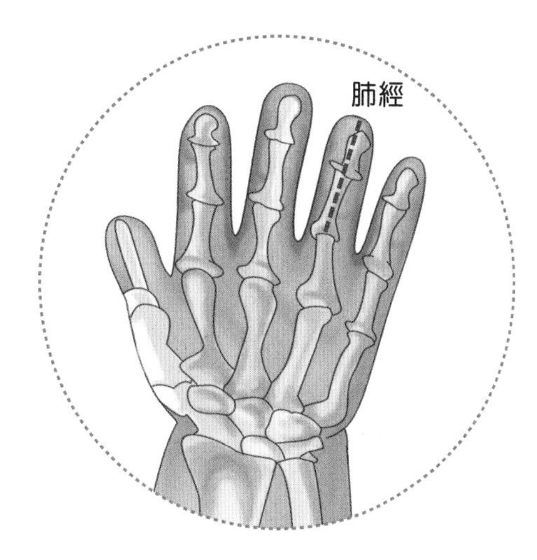

捏脊　健脾益肺

精準定位　後背正中，整個脊柱，從大椎至長強成一條直線。

推拿方法　由下而上提捏孩子脊旁 1.5 寸處 3~5 遍，每捏三次向上提一次。

取穴原理　中醫認為，孩子抵禦外部風寒的能力薄弱，難免陰陽不調。捏脊可通過刺激督脈和膀胱經，能夠調理陰陽、健脾益肺，從而達到提高孩子免疫力的作用。

清補肺經　補益肺氣、清熱宣肺

精準定位　無名指掌面指尖到指根成一直線。

推拿方法　用拇指指腹從無名指指根向指尖方向直推為清，稱清肺經；從指尖向指根方向直推為補，稱補肺經，100~300 次。

取穴原理　補肺經可以補益肺氣，適合體虛、虛喘、出虛汗的孩子。清肺經可以清熱宣肺，適合體熱、乾燥性鼻炎的孩子。增強肺功能，增強抵抗力。

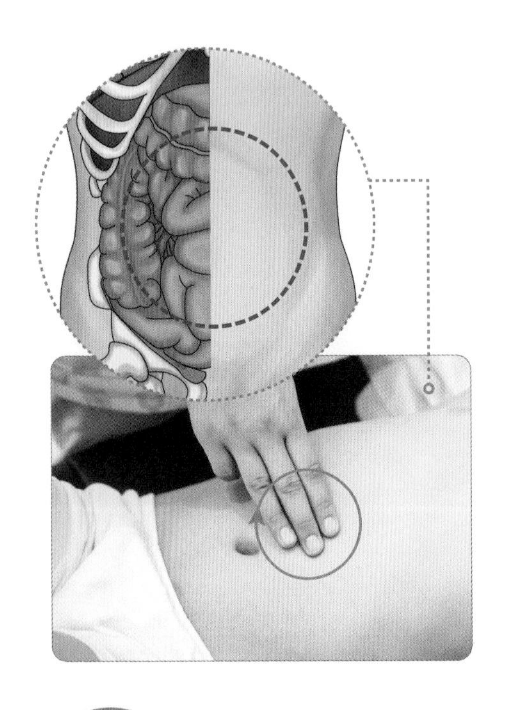

摩腹 健脾益肺

精準定位 整個腹部。

推拿方法 家長以右手中間三指順時針摩孩子腹部 3 分鐘。

取穴原理 中醫認為，脾胃是氣血生化之源。雖然摩腹法作用於局部，但可以通過健脾助運，達到培補元氣的作用，從而有益於全身保健。

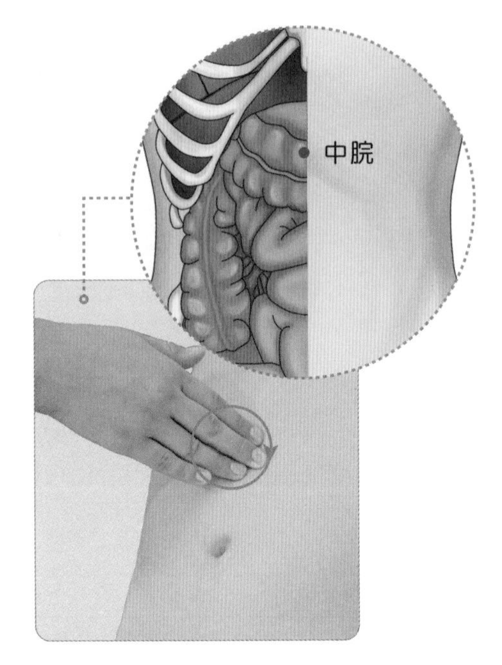

按揉中脘 強健脾胃

精準定位 肚臍直向上 4 寸。

推拿方法 家長以右手中間三指順時針按揉孩子中脘穴 3 分鐘。

取穴原理 中脘穴是主管脾胃的重要穴位。經常按揉中脘穴，能增強孩子的脾胃功能，提高身體免疫力，達到強身健體的目的。

小兒鼻炎食療方

氣溫變化較大時，寶寶容易受到呼吸道病毒感染，而出現咳嗽、流鼻涕等症狀，進而會引起鼻炎；寶寶對花粉、食物過敏時，也會引發過敏性鼻炎。用藥治療鼻炎時，也可配合食療，可起到事半功倍的效果。

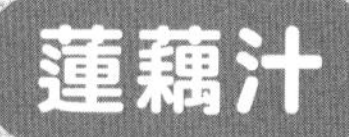

蓮藕汁

適合年齡
7 個月以上

材料

蓮藕 1 節

做法

蓮藕洗淨，搗碎成蓉，用時從中吸取藕汁。

用法

睡前取汁 2~3 滴，滴入鼻孔。

功效

蓮藕汁有收縮皮膚黏膜血管的作用，可通鼻竅，緩解鼻黏膜炎症。

生薑紅棗水

適合年齡
1 歲以上

材料

生薑、紅糖各 10 克，紅棗 4 粒

做法

1. 生薑洗淨，切片；紅棗洗淨，去核。
2. 將薑片、紅棗放入鍋內，加水，大火煮開後轉小火煎煮 30 分鐘，調入紅糖攪勻。

用法

代茶飲用，每日 1 劑，連用 3~5 日。

功效

發汗解表、祛風散寒，有助於感冒康復，避免鼻炎加重。

蔥白煮水

適合年齡
8 個月以上

材料

新鮮蔥白 3 棵，豆豉 10 克

做法

蔥白洗淨、拍碎，加豆豉和水煮 10~15 分鐘，蔥白水過濾飲用。

用法

每日 4 次，每次 20 毫升。

功效

有效緩解因鼻炎引起的鼻塞，對於風寒感冒引起的小兒急性鼻炎、鼻塞、呼吸困難有很好的緩解作用。

當心觸碰用藥謬誤

很多家長為了讓寶寶的病快點治癒，輕易聽信一些不切實際的療法，結果只會適得其反！要讓寶寶的病情好轉，先避開這些治療謬誤。

把鼻炎當成感冒來醫

過敏性鼻炎和感冒極為相似，都伴有鼻子發癢、打噴嚏、流鼻涕、鼻塞等症狀。不同的是，感冒還有頭暈、嘔吐、頭痛、渾身無力等症狀，而過敏性鼻炎發病多在早上。所以家長們要仔細分辨，千萬別把寶寶的鼻炎當成普通感冒來對待。

鼻炎有好轉就停醫停藥

寶寶患鼻炎時，一打針吃藥就愛哭鬧，所以很多家長在寶寶病情稍微穩定時就停醫停藥，這麼做並不利於鼻炎根治，所以切不可疏忽大意。

一定要找到過敏原

導致寶寶過敏性鼻炎的因素很多，家長們也不一定找得準，如果只把注意力放在尋找過敏原上，卻忽略了實際治療，結果也是收效甚微。

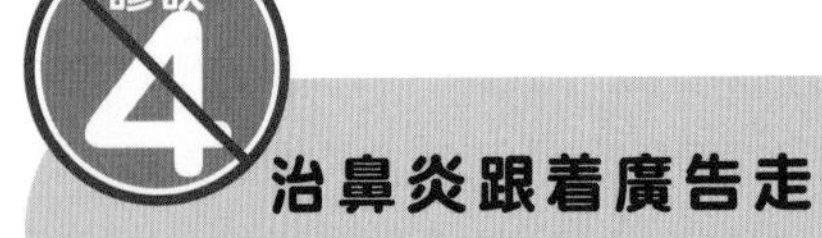

治鼻炎跟着廣告走

一些宣傳治鼻炎的廣告鼓吹「包治包好」是不科學的。鼻炎其實分很多種，應該根據不同的類別加以診治，而不是聽信虛假的宣傳廣告。

鼻炎沒法預防

光治好寶寶的鼻炎還遠遠不夠，因為生活中的各種病菌還可能導致寶寶的鼻炎反復發作，家長應該多和醫生溝通，找到預防鼻炎的正確方法。

第 10 章

咽喉炎
如何好好保護寶寶的咽喉

辨別症狀，找出病因

咽喉炎有急、慢性之分

急性咽喉炎

一般是由於人體免疫力低、病毒或細菌侵襲咽部而發病的。起病較急，初期咽部乾燥、灼熱、有異物感，並伴有疼痛，吞咽時加重，也有發燒、頭痛及全身不適等症狀，但全身症狀一般較輕。若不及時治療可並發中耳炎、喉炎、氣管炎及肺炎等。

慢性咽喉炎

多因急性咽喉炎治療不徹底、反復發作引起，也可因慢性鼻炎、鼻竇炎，對刺激性氣體、粉塵過敏，缺乏多種維他命，過食辛辣等刺激性食物引起。症狀主要表現為咽部有異物感、咽癢微痛、乾燥灼熱等。常有黏稠分泌物附於咽後壁不易清除，晚上更為嚴重。分泌物可引起刺激性咳嗽、噁心、嘔吐等症狀。

咽喉炎的早期發現

如果家長發現寶寶最近老哭鬧，哭聲嘶啞甚至失音，口水比以前流得多，張開小嘴一看，發現咽部充血紅腫，那麼寶寶很可能得了咽喉炎。

咽喉炎的症狀

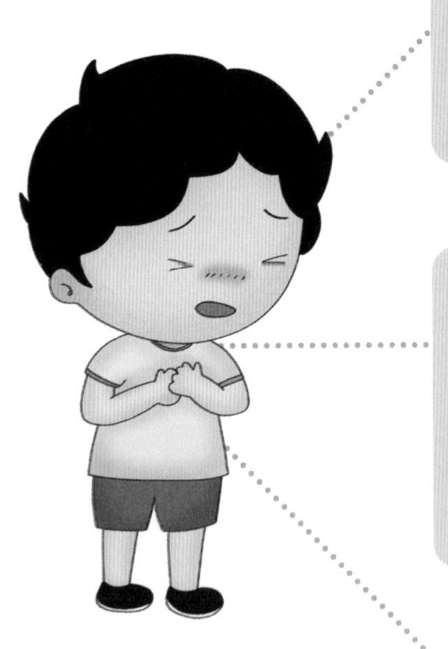

咽部充血水腫，淋巴濾泡增生，分泌物增多。

咽部乾癢、灼痛，常有刺激性咳嗽，說話過多和氣候變化時更為明顯。

刷牙和檢查咽部時易噁心作嘔。

寶寶咽紅怎麼辦？

細心的家長有時候會發現寶寶的咽峽部發紅甚至腫脹，如果發生這種情況該怎麼辦？很多家長認為孩子嗓子紅就是「上火」了，實際上大家平時所說的「上火」在中醫稱為「內熱」，表現為咽喉乾痛、兩眼紅赤、鼻腔烘熱、口乾舌痛及嘴角糜爛、鼻出血、牙痛等症狀。

咽紅的原因

咽紅是咽峽部血管充血的表現，是機體對刺激發生的一種防禦反應。可因孩子說話多、哭喊、咳嗽、感冒初期或者外來刺激（食用過冷、過熱、辛辣食物等）引起。

說話多、哭喊

這種情況較多，父母儘量安撫寶寶，避免長時間不良的感情刺激。

咳嗽

注意預防感冒，平時增加寶寶的戶外鍛煉，吃點提高抵抗力的飲食，如梨絲拌蘿蔔、杏仁粥等。要保證寶寶有良好的睡眠。如果家裏有人感冒咳嗽了，最好戴口罩或用其他方法適度隔離，並且給房間消毒。

外來刺激

吃了過冷、過熱或辛辣食物，咽部黏膜受到刺激。因為寶寶的各個器官還比較嬌嫩，所以家長在給孩子選擇食物時儘量選原汁原味的，溫度也要掌握，40℃左右為佳，如果吃冷飲也要適量。

疾病前期症狀

咽紅

回憶一下家裏濕度是否不夠、寶寶是否有着涼的情況，如睡覺時蹬被子、出汗過多未及時更換衣物、溫度下降未及時添加衣物等，及時調整以上情況。

咽紅伴舌苔厚

如果寶寶的口氣也不清爽、有酸腐味，提示寶寶的脾胃功能不正常，家長在飲食上就要注意，若孩子在幼兒園正常用過餐後，切不可回家又和家長一起再次進餐。此期間孩子的飲食宜清淡，減少肉類、甜食、油炸食品的攝入，如果寶寶餓，可以吃點雜糧粥、蔬菜沙律（沙律醬用乳酪代替）、乳酪、水果（100克左右）。

咽紅伴大便秘結

可以考慮寶寶是有內熱了，此時讓寶寶保持大便通暢很重要。飲食上建議多吃蔬菜、水果、粗糧這些含膳食纖維多的食物。媽媽也可以給寶寶按摩小肚子：順時針按摩10次，再逆時針按摩10次，這樣交替進行，可以促進腸蠕動。

加大孩子的運動量也是有效的辦法。

如果孩子便秘嚴重，建議諮詢醫生，選用更為對症的藥物進行治療。

除以上提及的，孩子咽紅時多喝水還是有利於恢復的，因為水可以加速毒素的排泄，也可以防止因咽喉乾燥導致咳嗽，進一步加重咽紅。

這裏喝水也是有講究的，要多次少量飲水，不能一次喝太多，否則會給腎臟帶來負擔。

小兒急性喉炎不可掉以輕心

小兒急性喉炎不僅是一種危險的小兒呼吸道常見疾病，也經常是喉、氣管、肺炎的伴隨疾病。

小兒喉炎的臨床特點

- 多見於幼小兒童，1歲內的嬰兒發病率最高，發病時間集中在每年的12月份至翌年的2月份，絕大多數患兒伴有上呼吸道感染症狀。
- 急性喉炎起病時即有聲音嘶啞、乾咳，咳嗽時發出「空空空」的聲音，似犬吠狀，隨後因聲門下區水腫的發展，出現吸氣不暢並伴有喉鳴音，病情逐漸加重，可發生顯著的吸入性呼吸困難。
- 多數患兒可有不同程度發燒，但高燒少見，大多數為輕中度發燒。由於喉阻塞與缺氧，患兒常伴煩躁不安、拒絕飲食。體檢可見面色青紫、三凹症（即吸氣時鎖骨上窩、胸骨上窩及上腹部顯著凹陷），病情尤以夜晚為重。
- 為寶寶做喉腔檢查可直接見到喉部黏膜充血、腫脹。

專家解答

如果寶寶沒有發燒的症狀，是否還要送醫院呢？

一般無論寶寶有沒有發燒，媽媽如聽到寶寶聲音嘶啞，出現犬吠樣咳嗽，基本上可診斷為喉炎，若喉部出現明顯的水腫，就應立即把患兒送到醫院。小兒喉炎必須早診斷早治療。若發現活動後出現吸氣性呼吸困難、氣促或紫紺（皮膚或黏膜呈青紫），說明已有明顯的喉梗阻，給予相應治療，可避免患兒氣管切開帶來的不必要的痛苦。

寶寶咽腫發燒，小心疱疹性咽喉炎

疱疹性咽喉炎夏季高發

疱疹性咽喉炎實際為疱疹性咽峽炎，是以急性發燒和咽峽部疱疹潰瘍為特徵的自限性疾病，以口或呼吸道為主要傳播途徑，感染性較強，傳播快，因此很容易在孩子間傳染。

疱疹性咽峽炎常年都可發病，夏季較多發，通常是每年的4~7月。

疱疹性咽峽炎易感群體通常是6歲以內的兒童，孩子患病後有以下表現：

1. 哭鬧、拒奶、持續發燒、咽部疼痛。
2. 口腔內黏膜幾乎都會發生潰瘍，吃東西的時候很痛苦。
3. 扁桃體、軟顎等處能看見約小米粒大小的灰白色疱疹，2~3天後逐漸擴大破潰並形成潰瘍。

一周左右可自癒

由於孩子患上疱疹性咽峽炎後，症狀多表現為發燒、咽痛等，因此很多家長容易將其與普通感冒相混淆。同時，由於手足口病也會出現突發高燒、咽痛、流鼻涕、起疱疹等相似症狀，二者有共同的病原。

普通感冒發燒還是患了疱疹性咽峽炎

疱疹性咽峽炎是由病毒引起的，有傳染性，孩子患了疱疹性咽峽炎，發病期間咽喉部肯定多疱疹，張大嘴情況下可在孩子咽喉部、舌部甚至口腔黏膜處發現疱疹。而普通感冒發燒時少有疱疹出現。

疱疹性咽峽炎也是一種自癒性疾病，患兒即使不用藥，通常一個星期後也會痊癒。但如果症狀很重，如呼吸加快、高燒不退，建議及時到醫院就診。而感冒發燒超過38.5℃需用藥。

患了疱疹性咽峽炎還是手足口病

要區分這兩種疾病，主要看疱疹發生的位置。疱疹性咽峽炎只在咽峽部位出疱疹，手足、臀部沒有；而手足口病在口腔、手足、臀通常都會有疱疹。二者有共同的病原，可能是一種病的不同表現。

專家解答

如何預防疱疹性咽喉炎？

由於疱疹出現短暫，發現的時候往往已經轉變成潰瘍了，寶寶牙齦處常會出現白色或黃色的假膜，口水增多，舌苔變厚，甚至出現口臭。嚴重時會出現牙齦充血，一碰就會出血。

此時，家長可以每天用淡鹽水給寶寶漱口，這樣可緩解寶寶咽部和口腔的不適。

同時，患兒儘量減少外出，以免傳染給其他兒童。飲食上應多吃一些易消化的流質或半流質食物，如牛奶、米粥、果汁等，不要吃辛辣、甜膩或油炸食品。

疱疹性咽峽炎也並非不可預防。多喝水，多鍛煉，增強身體免疫力，是預防患病的好方法。

媽媽如何照顧咽喉炎寶寶？

寶寶咽喉炎的護理

咽喉炎是寶寶常見、多發的疾病，無論是急性咽喉炎還是慢性咽喉炎，家長都應該以治療為主、護理為輔，這樣才能夠讓寶寶早日擺脫疾病的纏擾。

由於小兒急性咽喉炎是呼吸道疾病，所以嬰幼兒應避免到人多空氣混濁的場所去，房間也應多開窗通風，天氣驟變時應及時增減衣物，並糾正由偏食引起的營養不良。

患兒在家期間，要儘量讓他安靜休息，減少哭鬧，以免加重呼吸困難。在飲食上要清淡，忌給寶寶吃油膩、辛辣的食物。患兒咽部有痰時可用淡茶水漱口，以減輕咽喉炎的症狀。

小兒急性喉炎的護理

注意病情觀察

密切觀察患兒精神、面色、呼吸、脈搏、體溫、血壓等變化。對突然出現煩躁不安、呼吸急促、三凹征明顯、心跳加快、血壓增高等呼吸困難和病情發展較快的患兒，及時通知醫生，儘快行氣管切開術，同時做好氣管切開術的護理。

吸痰護理

吸痰是保持呼吸道通暢的重要措施之一。應準確判斷患兒呼吸情況及痰鳴聲，及時給予正確吸痰。吸痰時使患兒面部轉向操作者一側，選擇大小合適的一次性吸痰管，輕、快、準插入深部，踩動電動吸引裝置，左右旋轉，向上提拉，吸淨痰液。吸痰動作要輕柔，負壓不超過13.3 千帕（100mmHg），避免長時間停留在一個部位吸引而損傷呼吸道黏膜，吸痰時間每次不宜超過 15 秒。

一般護理

保持室內清潔、安靜、空氣新鮮；溫濕度要適宜（室內溫度 22~24℃、室內濕度 50%~60%）；患兒注意保暖，體溫超過 38.5℃以上時應及時給予藥物或物理降溫；叮囑家長儘量減少患兒哭鬧，以免加重聲帶水腫和呼吸困難；做好空氣消毒隔離工作，避免發生交叉感染。

飲食護理

由於患兒咽部不適、煩躁哭鬧，往往拒絕飲食。應向家長講明患兒進食的重要性，幫助選擇易消化、營養豐富的流質或半流質飲食，避免進食刺激性或粗硬的食物。

預防寶寶咽喉炎，為媽媽分憂

預防寶寶咽喉炎

預防小兒咽喉炎，平時應讓寶寶多運動，以提高寶寶的免疫力；讓寶寶養成勤洗手的好習慣，防止病從口入。

讓寶寶多喝水，多吃梨、白蘿蔔、西瓜等清熱利咽的食物，少喝飲料，少吃刺激性的食物。保證寶寶所處的環境空氣新鮮，若處於冷氣房間，需定時開窗換氣。

針對誘發因素積極預防急性喉炎

外部因素

冬末初春天氣寒冷，氣候乾燥，晝夜溫差大。

父母這樣做

為預防小兒急性喉炎的發生，即使是在初春時節，家長也應注意寶寶的防寒保暖，寶寶居室的溫度最好控制在 22℃，相對濕度控制在 55% 左右。居室要做到經常開窗通風，保持室內空氣新鮮。在飲食上要清淡、溫軟、易消化、富營養，避免吃刺激性食物和油膩、燒烤、燥熱食品。讓寶寶適當到戶外進行活動，以增強體質，提高抗病能力。

內部因素

小兒喉腔狹長呈漏斗狀，喉軟骨發育還不完善；小兒喉部神經組織的敏感性比成人高，喉和聲帶黏膜柔嫩，血管及淋巴豐富，易充血。此外，營養不良、肥胖、缺鈣等也是急性喉炎的誘因。

父母這樣做

要預防小兒急性喉炎，除了在天氣驟變時及時增減衣物外，還要糾正由偏食引起的營養不良。另外，缺鈣的寶寶，特別是那些較胖、生長較快、相對缺鈣的小兒，更易發生急性喉炎或者反復發病，因此及時補鈣也可減少發病機會。

疾病因素

麻疹、百日咳、流感、猩紅熱等急性傳染病都有可能並發急性喉炎。

父母這樣做

冬春季本來就是呼吸道疾病高發季節，因此最好少帶寶寶拜訪、外出，以防小兒受涼感冒或引起呼吸道傳染病而增加小兒急性喉炎的發病率。此外，人群集中、空氣流通性差的公共場所也應少去，以減少感染急性傳染性疾病的機會。

兒科醫生常用的綠色療法

父母巧用推拿，讓寶寶咽喉清涼如水

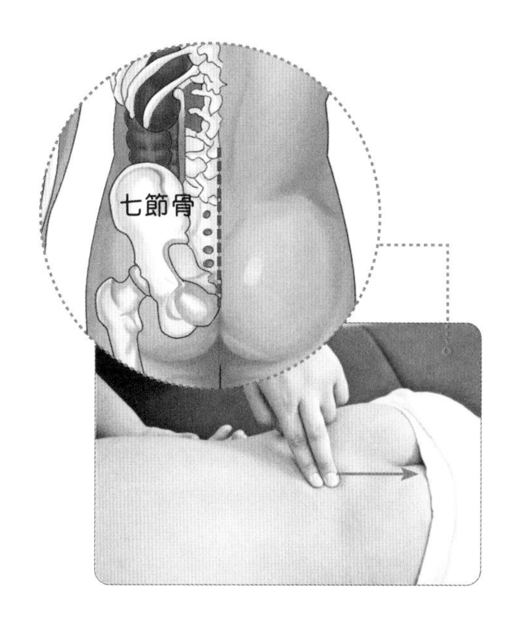

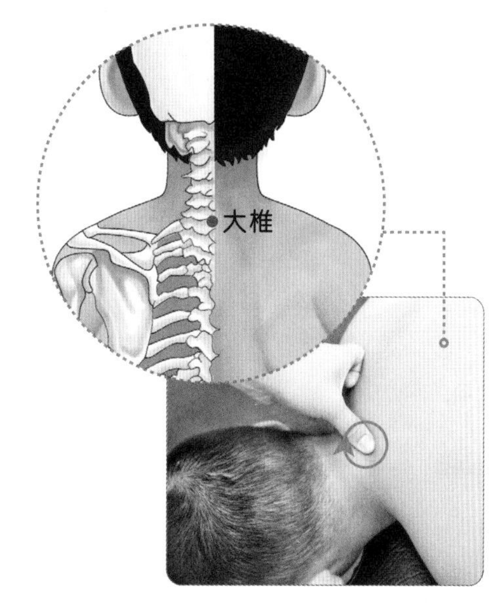

推下七節骨　清利咽部之熱

精準定位　第四腰椎至尾椎骨端成一直線。

推拿方法　用食指和中指自上而下直推孩子七節骨50~100次。

取穴原理　推下七節骨有通便瀉熱的功效，可清利咽部之熱。

按揉大椎　瀉熱降溫

精準定位　低頭時，頸部突出最高處為第七頸椎，下面的凹陷處就是大椎。

推拿方法　用拇指在孩子的大椎穴上按揉1~3分鐘。

取穴原理　按揉大椎穴最顯著的功效就是瀉熱，孩子發燒、咽喉炎等都能通過大椎調理。

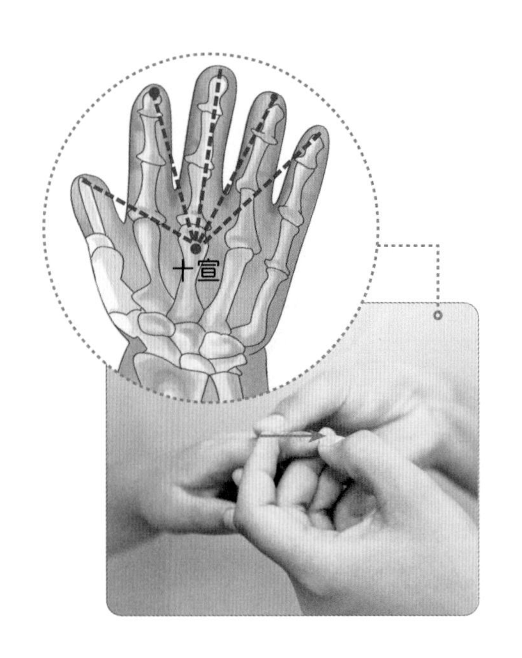

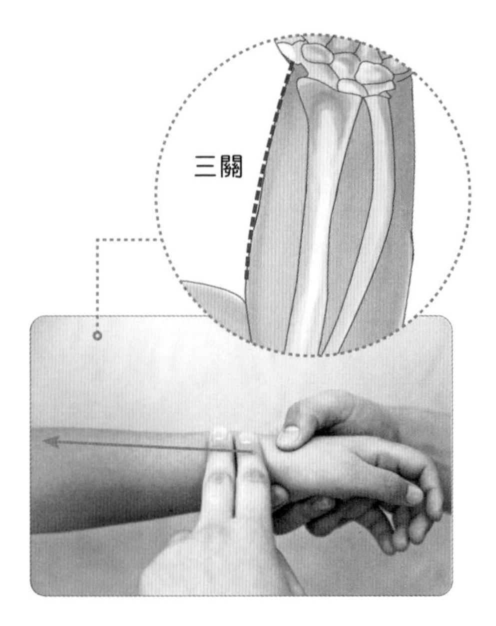

掐十宣 清熱開竅

精準定位 在兩手十指尖，靠近指甲處。

推拿方法 推拿者從孩子右手拇、食、中、無名、小指各掐 3~5 次。

取穴原理 掐十宣具有清熱、醒腦、開竅的作用。

推三關 溫陽散寒

精準定位 前臂橈側，從手腕根部至肘部（曲池穴）成一條直線。

推拿方法 用拇指或食中二指指腹自孩子腕部推向肘部 100~300 次。

取穴原理 推三關有溫陽散寒、發汗解表的功效。主治扁桃體炎、咽喉炎等引起的發燒。

改善咽痛喉癢症狀的食療方

天氣乾燥，很容易引起燥咳，表現為乾咳不止、無痰或少痰、痰難咳出、痰中帶血絲、口乾咽痛、喉癢、聲音嘶啞、舌紅少津等症狀。對付初春燥咳，試試以下的食療方：

草莓汁

適合年齡
7個月以上

材料

新鮮草莓40克

做法

1. 草莓洗淨，去蒂。
2. 將處理好的草莓放入果汁機打碎即可。

功效

草莓具有清新口氣、滋潤咽喉、生津止渴等功效，此汁非常適合咽喉腫痛的寶寶飲用。

西瓜蓮藕清涼汁

適合年齡
1歲以上

材料

蘋果、雪梨各30克，番茄20克，蓮藕、西瓜（去皮）各50克、蜂蜜適量

做法

1. 蘋果、雪梨洗淨，去皮、去核，切小塊。
2. 番茄、蓮藕分別洗淨，去皮，切成小塊。
3. 西瓜去籽，切小塊。
4. 將以上食材放入榨汁機榨汁，調入蜂蜜攪勻即可。

功效

潤喉生津，緩解咽喉不適。

護理寶寶
呼吸道
不咳嗽、呼吸暢

作者
梁芙蓉

責任編輯
簡詠怡

美術設計
鍾啟善

排版
辛紅梅

出版者
萬里機構出版有限公司
香港北角英皇道499號北角工業大廈20樓
電話：2564 7511
傳真：2565 5539
電郵：info@wanlibk.com
網址：http://www.wanlibk.com
http://www.facebook.com/wanlibk

發行者
香港聯合書刊物流有限公司
香港新界大埔汀麗路36號
中華商務印刷大廈3字樓
電話：（852）2150 2100
傳真：（852）2407 3062
電郵：info@suplogistics.com.hk

承印者
中華商務彩色印刷有限公司
香港新界大埔汀麗路36號

出版日期
二零二零年三月第一次印刷

ISBN 978-962-14-7193-2
Published in Hong Kong
Printed in China

本書的出版，旨在普及醫學知識，並以簡明扼要的寫法，闡釋在相關領域中的基礎理論和實踐經驗總結，以供讀者參考。基於每個人的體質各異，各位在運用書上提供的藥方進行防病治病之前，應先向家庭醫生或註冊中醫師徵詢專業意見。

本中文繁體字版本經原出版者中國輕工業出版社授權出版，並在香港、澳門地區發行。
出版經理林淑玲lynn1971@126.com